酒店管理专业校企双元育人教材系列

茶事服务

全国现代学徒制工作专家指导委员会指导

主　编　石　莹　李湘云　张　颖
副主编　李晓霞　武雅娇　王春凤
编　委　石　莹（江西财经职业学院）
李湘云（云南极韵茶业有限公司）
张　颖（江西财经职业学院）
武雅娇（浙江国际海运职业技术学院）
向欢欢（浙江国际海运职业技术学院）
王春凤（江西旅游商贸职业学院）
高云胜（内蒙古商贸职业学院）
李晓霞（内蒙古商贸职业学院）
赵亚琼（内蒙古商贸职业学院）
宁　宇（内蒙古商贸职业学院）
马玉平（西宁市翠屏春茶文化职业培训学校）
纪小川（青岛酒店管理职业技术学院）
周雪菲（江西财经职业学院）
肖细根（江西财经职业学院）
李彦青（江西财经职业学院）
欧阳卫（江西外语外贸职业学院）

复旦大学出版社

内容提要

本书以工作过程为导向，选取岗位工作实际案例，以典型工作任务为引领，结合茶艺师国家职业技能标准、茶艺职业技能竞赛技术规程编写，是“双元”育人、“课岗赛证”对接的职业教育改革成果。

教材由2个模块8个项目构成。模块一为茶文化入门，围绕茶的前世今生、科学健康饮茶和识茶认茶展开，基础知识与实际应用能力巧妙对接。模块二为茶事服务，围绕环境营造、茶事服务准备、泡茶技术应用、茶艺展演、茶事服务承接等实际岗位工作展开，重点学习茶事服务岗位中的技能。每个项目分为若干学习任务，针对操作性强的技术点制作了可以免费观看的二维码微课。

本书内容由浅入深，符合从业者职业技能习得规律，可作为中高职酒店管理、旅游管理类专业人员和茶艺爱好者学习茶事服务的教材，也可以作为其他专业学习公共任选课茶艺的教材。

本套系列教材配有相关课件、视频等，欢迎教师完整填写学校信息来函免费获取：xdxtzfudan@163.com。

序 言

党的二十大要求统筹职业教育、高等教育、继续教育协同创新，推进职普融通、产教融合、科教融汇，优化职业教育类型定位。新修订的《中华人民共和国职业教育法》(简称“新职教法”)于2022年5月1日起施行，首次以法律形式确定了职业教育是与普通教育具有同等重要地位的教育类型。从“层次”到“类型”的重大突破，为职业教育的发展指明了道路和方向，标志着职业教育进入新的发展阶段。

近年来，我国职业教育一直致力于完善职业教育和培训体系，深化产教融合、校企合作，党中央、国务院先后出台了《国家职业教育改革实施方案》(简称“职教20条”)、《中国教育现代化2035》《关于加快推进教育现代化实施方案(2018—2022年)》等引领职业教育发展的纲领性文件，持续推进基于产教深度融合、校企合作人才培养模式下的教师、教材、教法“三教”改革，这是贯彻落实党和政府职业教育方针的重要举措，是进一步推动职业教育发展、全面提升人才培养质量的基础。

随着智能制造技术的快速发展，大数据、云计算、物联网的应用越来越广泛，原来的知识体系需要变革。如何实现职业教育教材内容和形式的创新，以适应职业教育转型升级的需要，是一个值得研究的重要问题。“职教20条”提出校企双元开发国家规划教材，倡导使用新型活页式、工作手册式教材并配套开发信息化资源。“新职教法”第三十一条规定:“国家鼓励行业组织、企业等参与职业教育专业教材开发，将新技术、新工艺、新理念纳入职业学校教材，并可以通过活页式教材等多种方式进行动态更新。”

校企合作编写教材，坚持立德树人为根本任务，以校企双元育人，基于工作的学习为基本思路，培养德技双馨、知行合一，具有工匠精神的技术技能人才为目标。将课程思政的教育理念与岗位职业道德规范要求相结合，专业工作岗位(群)的岗位标准与国家职业标准相结合，发挥校企“双元”合作优势，将真实工作任务的关键技能点及工匠精神，以“工程经验”“易错点”等形式在教材中再现。

校企合作开发的教材与传统教材相比，具有以下三个特征。

1. 对接标准。基于课程标准合作编写和开发符合生产实际和行业最新趋势的教材，而这些课程标准有机对接了岗位标准。岗位标准是基于专业岗位群的职业能力分析，从专业能力和职业素养两个维度，分析岗位能力应具备的知识、素质、技能、态度及方法，形成的职业能力点，从而构成专业的岗位标准。再将工作领域的岗位标准与教育标准融合，转化为教材编写使用的课程标准，教材内容结构突破了传统教材的篇章结构，突出了学生能力培养。

2. 任务驱动。教材以专业(群)主要岗位的工作过程为主线,以典型工作任务驱动知识和技能的学习,让学生在“做中学”,在“会做”的同时,用心领悟“为什么做”,应具备“哪些职业素养”,教材结构和内容符合技术技能人才培养的基本要求,也体现了基于工作的学习。

3. 多元受众。不断改革创新,促进岗位成才。教材由企业有丰富实践经验的技术专家和职业院校具备双师素质、教学经验丰富的一线专业教师共同编写。教材内容体现理论知识与实际应用相结合,衔接各专业“1 + X”证书内容,引入职业资格技能等级考核标准、岗位评价标准及综合职业能力评价标准,形成立体多元的教学评价标准。既能满足学历教育需求,也能满足职业培训需求。教材可供职业院校教师教学、行业企业员工培训、岗位技能认证培训等多元使用。

校企双元育人系列教材的开发对于当前职业教育“三教”改革具有重要意义。它不仅是校企双元育人人才培养模式改革成果的重要形式之一,更是对职业教育现实需求的重要回应。作为校企双元育人探索所形成的这些教材,其开发路径与方法能为相关专业提供借鉴,起到抛砖引玉的作用。

全国现代学徒制工作专家指导委员会主任委员
广东建设职业技术学院校长
博士,教授

2022 年 11 月

前　言

在全国现代学徒制工作专家指导委员会的支持与指导下，江西财经职业学院和云南极韵茶业有限公司牵头，联合全国十余所相关院校和企业，共同开发了“校企双元育人教材系列”中的《茶事服务》。

本教材以酒店大堂茶吧、茶馆和空铁邮轮等场所的茶艺师岗位要求为立足点，结合丰富的理论知识、应用案例和实操技能，帮助学生快速、系统、深入地了解茶艺师岗位的工作流程和相关标准化要求，使学生能运用茶叶和茶文化基础知识、科学健康饮茶知识，解决工作和日常生活中遇到有关茶的难题，掌握不同茶具冲泡各类茶叶的基本技能，能布置茶席并进行茶艺展演，完成茶艺师日常茶事服务接待工作，提高学生的适岗能力。了解内容丰富、表现形式多样的茶文化与技能，有利于提高学生的历史文化内涵，增强学生的文化自信和民族自豪感。

本书融入了2019版茶艺师国家职业技能标准（初级、中级）、中国茶叶学会《茶艺职业技能竞赛技术规程》，具有“双元”育人、“课岗赛证”融通的特点。书中每个项目是一个行业的典型工作任务，由浅入深、层层递进，针对一些较难理解的知识点制作了二维码素材库，针对一些操作性强的内容制作了二维码微课，读者可以扫描书中的二维码免费观看。

本教材可作为中高职酒店管理、旅游管理类专业人员和茶艺爱好者学习茶事服务的教材，亦可以作为其他专业学习公共任选课的教材，也可以作为茶艺师（初、中级）岗位培训和茶艺大赛指导参考教材。

本书项目一、项目二由武雅娇、向欢欢、石莹编写，项目三由张颖、李湘云编写，项目四由王春风、石莹编写，项目五由宁宇、赵亚琼编写，项目六、项目七由李晓霞、石莹、马玉平、李湘云、高云胜一起完成，项目八由纪小川编写；全书由石莹、李湘云统稿。尽管编者尽了最大的努力去整理和核对，但由于水平有限，书中难免有疏漏和错误之处，恳请广大读者批评指正。

编　者

2021年6月

目　　录

模块一　入门基础篇

模块二　实操技能篇

模块一　入门基础篇

项目一　走进茶的前世今生

党的二十大提出:增强中华文明传播力影响力。坚守中华文化立场,提炼展示中华文明的精神标识和文化精髓,加快构建中国话语和中国叙事体系,讲好中国故事、传播好中国声音。深化文明交流互鉴,推动中华文化更好走向世界。

五千多年来,中华民族创造了光辉灿烂的华夏文化,同时也创造了光彩照人的中华茶文化。可以说,华夏的文明史几乎每页都散发着茶香。

你知道世界三大无酒精饮料是什么吗?茶的发源地是哪里?世界上现存最古老的茶树树龄有几岁?我国古代是如何饮用茶的?老百姓开门七件事和文人墨客七件宝是什么?为什么说"宁可一日不食,不能一日无茶"?中国的"茶圣"是谁,他的代表作是什么?世界主要喝茶国家"茶"的读音怎么来的?国外有什么饮茶习俗?

带着以上问题来学习本项目,我们一定能找到答案。

任务1 回顾茶的历史

学习目标

1. 了解茶文化的起源和饮茶方式的演变。
2. 熟悉茶树的分类和生长环境。
3. 掌握国内茶区分布状况。

任务描述

茶文化是人类在生产、发展、利用茶的过程中，以茶为载体，表达人与自然和人与人的关系的各种理念、信仰、思想情感和文化形态的总称。中国是茶的故乡，也是茶文化的发源地，茶的发现和利用已有4 700多年的历史，且长盛不衰，传遍全球。现需要你通过学习茶的起源、饮茶方式的演变、茶树的基本知识、茶叶产销现状等，熟悉茶的发现和利用的历史渊源。

任务分析

茶树种植历史悠久，饮茶习惯及相关文化的流传是世界文化传播的重要途径。本任务回顾这段历史，重点是理解茶树的分类和生长环境，熟知国内茶区分布状况；难点是能熟练叙述饮茶方式的演变过程。

任务准备

提前查阅关于茶的历史资料，做好课前预习。课上通过多媒体与老师和同学积极互动。

任务实施

学习脉络：茶的起源和历史—饮茶方式的演变—走进茶园，认识茶树—茶叶产销现状。

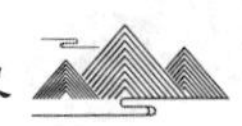

一、回顾茶文化的发展历程

中国是世界茶文化的发源地，茶文化是中国传统文化的重要组成部分。茶在古代有多种称谓。西汉的司马相如在《凡将篇》中称茶为“荈诧”；现存最早的药学专著《神农本草经》中称为“茶草”。表示“茶”的字还有“槚”“蔎”“荼”“葭”“茗”等。直到唐人陆羽所著的世界第一部茶学专著《茶经》，“茶”字的使用才逐渐流传开来，自此“茶”的字形才有了统一的界定并且一直沿用至今。中国茶文化发展历程如图 1－1－1 所示。

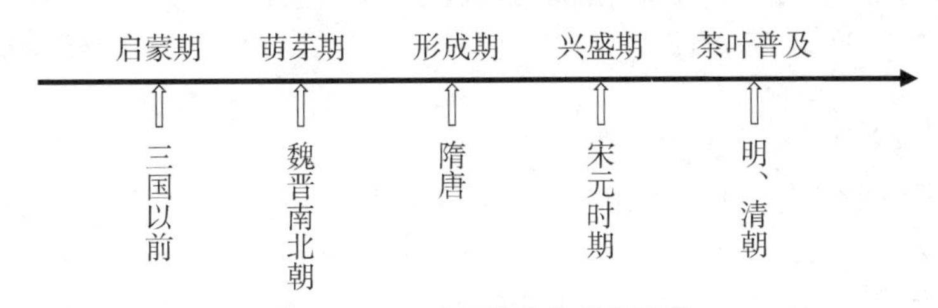

图 1－1－1　中国茶文化发展历程

1. 三国之前茶文化的启蒙

茶文化的形成，与巴蜀地区早期的政治、风俗及茶叶饮用有着密切的关系。东汉华佗《食论》中说“苦茶久食，益意思”。记录了茶的医学价值。西汉时期立县“茶陵”，即湖南的茶陵县。三国时期魏人张揖著《广雅》中最早记载了饼茶的制法和饮用：“荆巴间采叶作饼，叶老者饼成，以米膏出之。欲煮茗饮，先炙令色赤，捣末置瓷器中……”茶以物质形式出现，渗透其他人文领域，从而形成茶文化。

2. 两晋南北朝茶文化的萌芽期

这一时期，佛教兴起，僧侣坐禅饮茶，以驱除睡意，利于清心修行，从而使饮茶之风日益普及。不仅上层统治者把饮茶作为一种高尚的生活享受，而且随着文人饮茶的兴起，有关茶的诗词歌赋日渐兴起。茶已经脱离一般形态的饮食，走入文化圈，起着一定的社会作用。此时北方饮茶之风尚未形成。

3. 唐代茶文化的形成期

隋唐时期，饮茶之风开始风靡全国。茶叶不再是士大夫和贵族的专有品，而成为普通老百姓的日常饮品。即使在一些边疆地区，领略了茶饮的特殊作用以及茶的风味后，也视茶为珍品，把茶看作最好的饮品。

“自从陆羽生人间，人间相学事新茶。”中唐时期，茶圣陆羽（733～804）总结了前朝及初唐茶事，著《茶经》，认为“茶之为用，味至寒，为饮最宜”。《茶经》的问世标志着我国茶文化进入崭新的阶段，是唐代茶文化兴盛的重要体现（图 1－1－2）。《茶经》探讨了饮茶艺术，把中国传统思想融入饮茶中，首创中国茶道精神。

唐代茶税的征收和管理、榷茶制度的制定、贡茶制度的确立、茶马互市的实施等，都使得茶成为“比屋皆饮”之物。1987 年，陕西扶风县法门寺地宫出土了封藏于 873 年岁末，唐僖宗时宫廷使用的茶具，不仅成系列、配套，且质地精良，如图 1－1－3 所示。

图1-1-2 茶圣陆羽

图1-1-3 法门寺出土茶具

4. 宋元时期茶文化的兴盛期

五代时期虽分裂动荡,却因承盛唐风气,茶文化并未终止。自唐以来,北方民间和文人中会社组织很多,如千人社、汤社,是文人聚会的一种重要形式。至宋代,斗茶之风尤盛。宋代茶业已有很大发展,茶叶生产区域已由唐时的43个州、郡扩大到南宋时的66个州、郡的242个县,推动了茶文化的发展。宋代不仅兴起茶肆,茶类也开始变革,以片茶为主,也生产散茶(即蒸青茶和炒青茶)。

宋太祖赵匡胤嗜茶,在宫廷中设立茶事机关。宫廷用茶已分等级。茶仪已成礼制,赐茶已成皇帝笼络大臣、眷怀亲族的重要手段,还赐给国外使节。上至宫廷,下至民间,盛行斗茶。有人迁徙,邻里要献茶;有客来,要敬元宝茶;订婚时要下茶,结婚时要定茶。

5. 明、清茶文化的普及

明代开国皇帝朱元璋废除饼茶,改为进贡散茶;明代以后,饮茶方式由点茶改为瀹饮法。茶具也随之得到了革新,紫砂壶和盖碗的使用在百姓中逐渐普及,现代饮茶方法初见端倪。茶类生产更为发达,炒青技术出现,花茶、红茶、乌龙茶相继问世。

明代,饮茶之风经水路传到欧洲,经陆路传到俄国;清代,饮茶之风不但传遍了欧洲,而且还传到了美洲新大陆。

到清朝时,茶叶出口已成正规行业,茶书、茶事、茶诗不计其数。在采茶季节,各茶区采茶姑娘用歌声来抒发感情,反映茶区生活,由此形成了采茶歌,同时还产生了采茶舞、采茶灯等。在此基础上,又产生了诸多地方剧种,如采茶戏、花鼓戏、花灯戏等,其中尤以江西采茶戏、湖北采茶戏、广西茶灯戏、云南茶灯戏最为有名。采茶戏的出现,是明清茶文化的重大成就。

清代晚期的战乱使我国茶文化由盛转衰,处于低谷。

6. 现代茶文化的发展

新中国成立以后,茶业经济迅速恢复,尤其是改革开放以来,成就巨大。近二三十年来,茶文化事业空前繁荣,表现在:①各地纷纷举办茶文化节、国际茶会和学术讨论会,②各类型茶艺馆在各大中城市涌现,③茶艺展演形式多样,④茶文化学术研究成果丰硕,⑤茶文化专业书籍出版,⑥成立茶文化研究团体,⑦一批以茶事为题材的文学艺术作品问世,⑧茶文化教育兴起,⑨依托科技创新,驱动中国茶业高质量发展。

二、饮茶方式的演变

据《神农本草经》中记载："神农尝百草日遇七十二毒，得茶而解之。"我国早在公元前两千多年已在劳动生活中发现了茶的药用和食用价值。

茶的利用方式有食用、药用和饮用3种。药用为其开始之门，食用次之，饮用则为最后发展阶段。三者有先后承启的关系，但是又不可能绝对区分。

1. 药用

本草一类的药书，例如《神农本草经》《神农食经》《食论》《本草拾遗》《本草纲目》等，记录了大量茶叶药用的配方。

好茶的文人对茶的药用功能也提出了自己的见解。唐代白居易的《赠东邻王十三》就说："携手池边月，开襟竹下风。驱愁知酒力，破睡见茶功。"唐代刘贞亮在《饮茶十德》中概括饮茶好处："以茶散郁气，以茶驱睡气，以茶养生气，以茶除病气，以茶利礼仁，以茶表敬意，以茶尝滋味，以茶养身体，以茶可行道，以茶可雅志。"宋代吴淑在《茶赋》中说："茶可以涤烦疗渴，换骨轻身，茶荈之利，其功若神。"

现代医学的发展，使我们对茶叶的功效有了更科学的认识。茶叶中的化学成分经沸水冲泡后，大部分溶入水中，饮用后对身体有益处。

2. 食用

早期的茶，除了作为药物之外，很大程度上还是作为食物出现的，这在前人的许多论述中都有记载。《晏子春秋》中记载："晏相齐景公时，食脱粟之饭，炙三弋五卵、茗菜而已。"《尔雅》云："树小如栀子，冬生叶，可煮作羹饮，今呼早采为茶，晚取者为茗，一名荈，蜀人名之苦茶。"可见古人将茶叶摘下煮作羹饮确有其事。

流传至今的食用形式还有擂茶、姜盐豆子茶、苗族和侗族的油茶，以及基诺族的凉拌茶等。

3. 饮用

饮用就是把茶作为饮料，或是解渴，或是提神。关于饮茶的起始，有上古说、先秦说、两汉说、三国说、两晋说等。

西汉著名辞赋家王褒在《僮约》中写道"脍鱼炰鳖，烹茶尽具""武阳买茶，杨氏池中担荷"，前一句反映了当时成都一带，饮茶已成风尚，在富豪之家，饮茶还出现了专门的用具；后一句反映成都附近，由于茶的消费和贸易需要，茶叶已经商品化，出现了如武阳一类的茶叶市场。《僮约》是关于饮茶最早的文献记载。既然用来待客，不会是药用而应是食用或饮用。最早对茶有过记载的王褒、司马相如、扬雄等均是蜀人，可见，巴蜀是茶文化发源地之一。饮茶最初发生在四川，最根本的原因是四川地区的巴蜀文化、浓厚的神仙思想造就了茶叶饮料。故中国人饮茶不会晚于西汉，所以两汉说是成立的。

4. 饮茶方式的演变

不同的历史阶段，饮茶的方式、特点都不相同，如图1-1-4所示。

汉魏六朝乃至初唐的主流饮茶方法是羹饮法。在中唐以前，茶叶加工粗放，往往连枝带叶晒干或烘干，成为原始的散茶，所以烹饮也较简单。药用的煮熬和食用的烹煮是其主要形式。

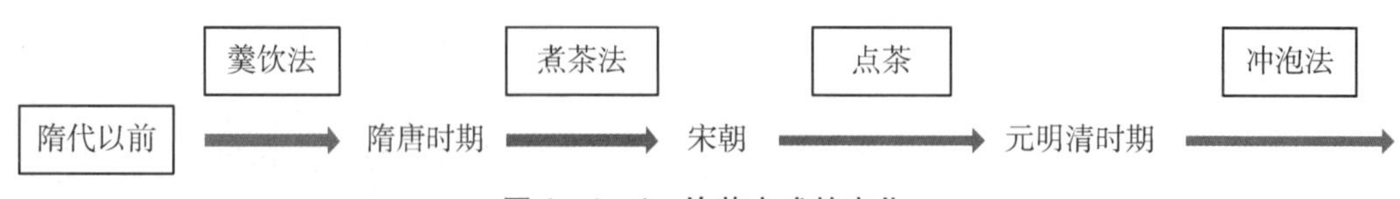

图 1-1-4　饮茶方式的变化

煎茶法是唐代的主流饮茶方式。煎茶法从煮茶法演化而来，本质上仍属于煮茶法，是一种特殊的末茶煮饮法。末茶中的内含物在沸水中容易析出，故不需较长时间的煮熬。而且茶叶经长时间的煮熬，其汤色、滋味、香气都会受到影响而不佳。末茶煮饮加以改进，一沸"如鱼目，微有声"时加入适量盐调味；二沸"缘边如涌泉连珠"时先在釜中舀出一瓢水，再用竹夹在沸水中边搅边投入碾好的茶末；三沸"腾波鼓浪"时加进二沸时舀出的那瓢水，止沸"育其华"。茶汤便煎成，趁热连饮。

图 1-1-5 《撵茶图》局部

宋代，点茶和斗茶盛行。点茶时，先将饼茶碾碎，如图 1-1-5 所示。过罗筛取其细粉，用汤瓶煮水后将茶盏温热，量茶后入茶盏。先放入少量水调膏，使用特制的茶筅点茶和击拂，边转动茶盏边搅动茶汤。盏中泛起汤花后，首先看盏内汤花的色泽和均匀程度。色白有光泽且均匀一致，汤花持久者为上品；汤花与茶盏内沿处有水痕为下品。最后，品尝汤花，比较茶汤的色、香、味而决出胜负。

元代，蒙古人称霸中原。由于豪放粗犷的马背民族秉性淳朴，不好繁文缛节，因而很难接受宋人精细的饮茶习惯。当时仍保留了团茶进贡的传统，但大多数蒙古人还是更喜欢直接喝茶，于是散茶较之团茶更为流行。以前的饮茶方法已不适合散茶，于是转变成了更适合散茶的泡饮法。

明朝初期，平民出身的明太祖朱元璋体恤茶农的疾苦，认为贡茶的制造方法太过伤民，便下旨停止使用龙凤团茶，从此团茶的生产衰落，散茶的生产不断推广。泡茶法在明清两代中处于主导地位。到了明中期以后，在清雅文士的带领下，精细的茶风再次出现。其中，工夫茶的形成和完善是明朝时期茶文化的最大成就。

三、认识茶树

（一）茶树的分类

茶是一种多年生，木本常绿植物。在植物分类学上属双子叶植物纲、山茶目、山茶科、山茶属、茶种。与庭园种植的茶花同属，但不同种。

乔木茶树搭架子采摘

1. 按树型分类

茶树分为乔木型茶树、小乔木型茶树和灌木型茶树，如图 1-1-6 所示。

乔木型茶树有明显主干，分枝部位高，自然生长状态下树高 3～5 米以上，野生茶树可高达 10 米以上。主根发达，多半属于较原始的野生类型。

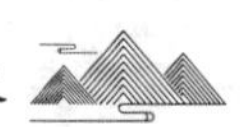

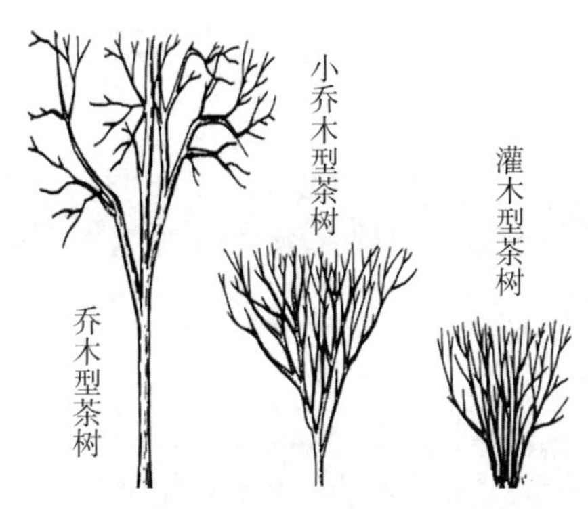

图 1-1-6　茶树树型

灌木型茶树无明显主干，树冠较矮小，自然生长状态下树高为 1.5～3 米。分枝较密且多近地面，根系分布较浅，侧根发达。

小乔木型茶树属于乔木、灌木的中间类型，有较明显主干与较高的分枝部位，自然生长状态下，植株高度中等，树冠多较直立高大，根系也较发达。

2. 按叶面积大小分类

一般以成熟叶的面积来划分，见表 1-1-1。

表 1-1-1　按叶片大小分类

种类	叶面积/cm^2（长×宽×0.7）
特大叶类	＞60
大叶类	40～60
中叶类	20～40
小叶类	＜20

3. 按发芽迟早分类

按越冬芽生长发育和春茶开采期发芽迟早，可分为四类，见表 1-1-2。

表 1-1-2　按发芽迟早分类

种类	一芽三叶展有效积温/℃	代表茶叶
特早生种茶树	＜60	浙江乌牛早绿茶等
早生种茶树	60～90	福鼎大白茶、迎霜等
中生种茶树	90～120	浙农 12 号、黔湄 502 号等
晚生种茶树	＞120	政和大白茶、福建水仙等

4. 按茶树品种的适制性分类

茶树良种的标准是多方面的，包括丰产性、适制性、适应性和抗逆性等。适制性是指适制当地的茶类，制茶品质优良，可分为适宜制作红茶、绿茶、白茶、红绿茶兼制、乌龙茶和普洱茶品种等，见表 1-1-3。

表 1-1-3　按适制性分类

适合制作茶类	茶树品种
适制红茶	勐海大叶种、勐库大叶种、凤庆大叶种、南糯山大叶茶、文家塘大叶茶、冰岛长叶茶、祁门种、政和大白茶、宁州种、英红 1 号、英红 9 号、云抗 10 号、桂红 3 号、黔湄 419、蜀永 1 号等
适制绿茶	浙农 113、碧云、福鼎大白茶、上海洲种、龙井长叶、翠峰、龙井 43、乌牛早、平阳特早茶、乐昌白毛茶、凌云白毛茶、翠华茶、宝洪茶、庐山群体种等
适制白茶	福鼎大白茶、政和大白茶、福建水仙等
红绿茶兼制	浙农 12、迎霜、宁州种、早白尖、庐山群体种等
适制乌龙茶	毛蟹、铁观音、黄金桂、福建水仙、大叶乌龙、凤凰水仙、八仙茶、金观音、岭头单丛、瓜子金、金萱等
适制普洱茶	勐库大叶种、勐海大叶种、易武绿芽茶、元江糯茶、云抗 14 号等

（二）茶树的生长环境

茶树的适生条件是长期对该环境条件适应的结果。关于茶树的生长环境可以归纳为“四喜四怕”，即喜酸怕碱、喜光怕晒、喜温怕寒、喜湿怕涝。

1. 气候条件

（1）光照　茶树起源于中国西南地区的深山密林中，在长期的系统发育中，形成适应在漫射光多的条件下生育的习性。在漫射光下生育的茶树新梢内含物丰富，持嫩性好，品质优良。

（2）温度　据研究，茶树的最适宜温度在 20℃～30℃；最低温度，大叶种为 -6℃，中小叶种为 -12℃～-16℃；茶树的最高临界温度为 45℃。海拔每升高 1000 米，气温下降 6℃，随海拔升高，气温下降，降水量增加，湿度增大，碳代谢速度减缓，纤维素形成减少，茶树持嫩性较强。

（3）水分　在热量和养分满足生长需求的条件下，水分是影响茶叶产量的主导因子。栽培茶树最适年降雨量约为 1500 mm。生长期的月降雨量要求在 100 mm 以上。土壤相对含水量以 80%为最好，空气相对湿度以大于 80%为好。

2. 土壤条件

优良茶区土壤首先需排水良好，以 pH 值 4.5～6 最适合。茶树要求土层深厚，至少 1 米，其根系才能发育和发展，若有黏土层、硬盘层，或地下水位高，都不适宜种茶。石砾含量不超过 10%，且含有丰富的有机质的土壤是较理想的茶园土壤。

四、从茶园到市场

（一）世界茶叶产销概况

在世界进入统一的全球市场过程中，茶叶同咖啡、可可等其他饮品一样，为西方各国推崇，成为世界第一大饮料。

1. 生产情况

(1) 茶叶种植　据国际茶叶委员会(ITC)统计数据,2019年世界茶园面积达到500万公顷。茶叶种植面积在10万公顷以上国家有6个,见表1-1-4。其中,面积最大的是中国,达306.6万公顷,占全球茶叶种植面积的61.4%;印度稳居第二,茶叶种植面积为63.7万公顷,占全球12.7%。

表1-1-4　2019年世界茶叶种植面积前十名的国家(单位:万公顷)

中国	印度	肯尼亚	斯里兰卡	越南	印尼	土耳其	缅甸	孟加拉国	乌干达
306.6	63.7	26.9	20.3	13.0	11.4	8.3	8.1	6.1	4.7

(2) 茶叶产量　2019年,在中国茶叶产量增长的强势带动下,全球茶叶总产量延续增长势头,世界茶叶产量达到615万吨。2019年,茶叶产量居世界第一的仍然是中国(279.9万吨),第二的依然是印度(139.0万吨)。两国茶叶总量达418.9万吨,占到世界茶叶总产量的68.1%。其后,依次为肯尼亚、斯里兰卡、土耳其、越南、印尼、孟加拉国、阿根廷和日本。

2. 销售情况

2019年,出口量超过1万吨的茶叶生产国和地区达到14个,中国台湾地区的出口均价最高,为12.09美元/千克;其次是中国大陆,为5.51美元/千克;排在第三的是斯里兰卡为4.57美元/千克,而肯尼亚茶叶出口量虽然全球最大,但出口均价相对较低,仅2.33美元/公斤,主要出口国的平均离岸价见表1-1-5。

表1-1-5　2019年世界主要茶叶出口国的平均离岸价(单位:美元/千克)

日本	法国*	德国*	英国*	中国	斯里兰卡	卢旺达	印度	肯尼亚	印度尼西亚
26.41	21.38	10.98	7.11	5.51	4.57	3.23	3.11	2.33	2.16

*表示再出口国

3. 消费情况

2019年,世界茶叶消费总量为585.9万吨。最大的国家仍是中国,达227.6万吨,居第二位是印度,为110.9万吨,见表1-1-6。

表1-1-6　2019年世界茶叶消费前十名国家或地区(单位:万吨)

中国	印度	土耳其	巴基斯坦	俄罗斯	美国	埃及	日本	英国	印度尼西亚
227.6	110.9	26.3	20.6	14.4	11.7	10.9	10.3	10.1	9.7

从人均消费看,排在第一位的是土耳其,人均每年消费茶叶3.04千克,中国大陆排第七位(每人每年1.55千克),如图1-1-7所示。

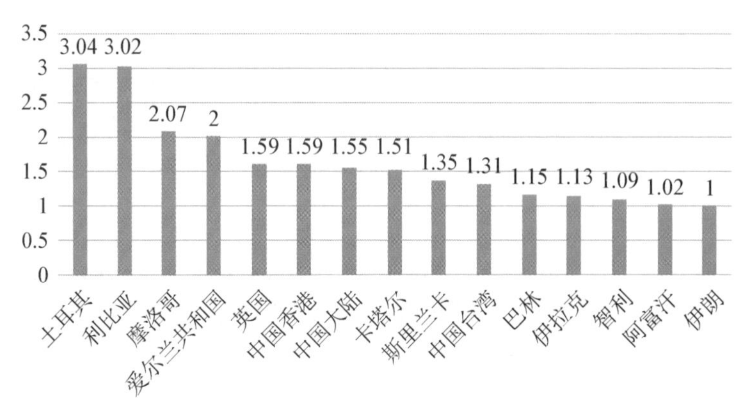

图 1-1-7　2019 年全球人均茶叶消费量前十五国家或地区(千克/人年)

(二) 国内产茶区分布

中国农科院以生态条件、产茶历时、茶树类型、品种分布、茶类结构为依据,将全国划分为江南、江北、华南、西南四大产区,见表 1-1-7。

(1) 江南茶区　主产区,属亚热带季风气候,多处于低丘、低山地区,也有海拔在 1 000 米以上的高山,大约占全国总产量的 2/3,属于茶树生态适宜区。地理范围为北起长江,南到南岭,东临东海,西连云贵高原。整个茶区气候温暖,四季分明,年平均降水量达 1 000～1 400 毫米,以春季为多。

(2) 江北茶区　地形较复杂,降水量偏少,一般年降水量在 1 000 毫米以下。主要位于长江中下游北部,秦淮以南,山东沂河以东地区。茶树品种主要是抗寒的灌木型中小叶种。

(3) 西南茶区　我国最古老的茶区,茶树生态适宜性区域。地形复杂,地势较高,大部分茶区分布在海拔 500 米以上的高原,为高原茶区,也有部分茶区分布在盆地。行政区域包括贵州、重庆、四川、云南中北部、西藏东南部。茶树品种资源十分丰富,栽培的茶树也多,乔木型大叶种和小乔木型、灌木型中小叶品种全有。

(4) 华南茶区　位于欧亚大陆东南缘,是我国最南部茶区,属于茶树生态最适宜区域。该区域水热资源丰富,高温多湿,年平均气温 19～22℃,全年平均降水量可达 1 500 毫米。行政区包括闽东南、广东中南、广西南部、云南南部、台湾地区。茶树品种资源极其丰富,主要为乔木型和灌木型,中小叶类品种也有分布。

表 1-1-7　四大茶区及茶品

茶产区	主产茶种类	代表茶品
江南茶区	红、绿、青、黑、黄、白、花茶	西湖龙井、洞庭碧螺春、黄山毛峰、太平猴魁、武夷岩茶、安化黑茶、福鼎白茶等
江北茶区	绿茶、黄茶	信阳毛尖、午子仙毫、碧峰雪芽、六安瓜片、霍山黄芽等
西南茶区	红、绿、黑、花茶	滇红、川红、匀毛尖、永川秀芽、蒙顶茶、普洱、碧潭飘雪、龙都香茗等
华南茶区	红、绿、青、黑、黄、花茶	铁观音、龙山绿茶、凌云白毫、肉桂、凤凰单丛、冻顶乌龙、正山小种、滇红、政和工夫茶、坦洋工夫茶、普洱散茶、七子饼茶、竹筒茶、茉莉花茶等

任务评价

1. 介绍一款你喜欢喝的茶，查找资料，填写表格。

要点	内　容	分值	得分
茶的名称、产地		15	
茶园所属茶区		10	
此茶的发展历史		20	
茶树的品种		15	
茶树的生长环境		20	
产销现状		20	
总分		100	

2. 猜字谜(每句话，打一字)：
言对青山不是青，二人土上说分明，
三人骑牛牛无角，草木之中有一人。
答案：________ ________ ________ ________。

能力拓展

扫二维码了解更多茶的起源与发展知识：
1. 故事《神农尝百草》。
2. 茶叶商贸的最早记载《僮约》。
3. 最古老的茶树。

能力拓展

任务2　重温国内茶文化之旅

学习目标

1. 了解中国最早的茶诗词，熟悉不同朝代茶诗词的代表作品。
2. 了解茶画的发展历程。
3. 了解茶与宗教的关联和传播脉络。
4. 熟悉我国不同民族的饮茶习俗。

任务描述

茶诗与茶词的兴起，是茶文化发展的重要标志。古代诗人以茶会友，在茶香弥漫中吟诗作赋。今天我们就带着对茶文化的思考，一起去感受茶文化，感受人生的另外一种韵味。理解茶与诗词字画、宗教、习俗之间密不可分的联系，懂得欣赏关于茶的文学作品，深刻体会茶在中华五千年文明史中扮演的极其重要的角色，继承和发展中华优秀传统文化。

中华文化源远流长，了解内容丰富、表现形式多样的茶文化有利于增强学生的历史底蕴、文化自信和民族自信。本任务重点掌握茶与诗词、茶与诗画的发展脉络和代表作品，并能够清楚地区分这些艺术作品的文化内涵；熟悉不同民族的饮茶习俗。学习的难点在于理解茶文化的真正内涵。

茶文化是中国博大精深的历史文化中的璀璨瑰宝，也是中国文化的传承。茶文化是饮茶活动中形成的文化特征，包括茶道、茶诗、茶联、茶书、茶具、茶画、茶学、茶艺、茶俗等。

结合日常生活中的所见所闻，收集与茶有关的诗词、诗画、习俗和宗教文化等相关的资料，做好课前学习准备。课上通过知识分享与老师和同学互动交流。

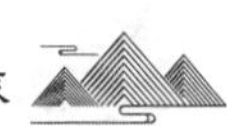

学习脉络：茶与诗词书画鉴赏—重点茶书介绍—茶与宗教—国内饮茶习俗。

一、茶与诗词书画鉴赏

品茶抒情，寄情于茶的诗句数不胜数。

浅近的有：秋夜凉风夏时雨，石上清泉竹里茶。

典雅的如：欲把西湖比西子，从来佳茗似佳人。

朴实的有：一杯春露暂留客，两腋清风比欲仙。

历代的咏茶诗词，数量丰富，体裁多样，都很好地融入了人的真情感触，是我国文学宝库中的一枝奇葩。

（一）茶与诗词

1. 最早的茶诗

在我国诗赋中，最早赞美茶的应该是晋代人杜育的《荈赋》。“厥生荈草，弥谷被冈。承丰壤之滋润，受甘霖之霄降。月惟初秋，农功少休，结偶同旅，是采是求。”诗人以饱满的热情歌颂了这一奇产——茶叶。诗中云：茶树受丰壤甘露的滋润，满山遍谷，生长茂盛，人们成群结队地前去采摘。

2. 唐诗中的茶文化

唐朝是世界文明史上的一颗璀璨的明珠。与火热的酒文化相比，流行于唐代的茶文化表现了中国传统文化的另一面：高雅与清静。这种倾注激发了文学创作的激情，文人士大夫将饮茶视为雅逸的文化体验和精神上的享受。在各种茶诗作品中，五言诗、唱和诗、联句诗、宝塔诗中的茶文化最为突出。

（1）五言诗　如杜甫：落日平台上，春风啜茗时。

（2）唱和诗　如皮日休、陆龟蒙，人称“皮陆”，写有《茶中杂咏》唱和十首诗，包括《茶坞》《茶人》《茶笋》《茶籯》《茶舍》《茶灶》《茶焙》《茶鼎》《茶瓯》和《煮茶》等。

（3）宝塔诗　如元稹的《茶》：

茶，
香叶，嫩芽，
慕诗客，爱僧家。
碾雕白玉，罗织红纱。
铫煎黄蕊色，碗转曲尘花。
夜后邀陪明月，晨前独对朝霞。
洗尽古今人不倦，将知醉后岂堪夸。

元稹的这首宝塔茶诗，先后表达了三层意思：一是从茶的本性说到了人们对茶的喜爱；二是从茶的煎煮说到了人们的饮茶习俗；三是就茶的功用说到了茶能提神醒酒。

另外，值得一提的是卢仝的《七碗茶歌》，是《走笔谢孟谏议寄新茶》中最精彩的部分，它写出了新茶给人的美好意境，在日本广为传颂。

七碗茶歌

一碗喉吻润，二碗破孤闷。

三碗搜枯肠，惟有文字五千卷。

四碗发轻汗，平生不平事，尽向毛孔散。

五碗肌骨轻，六碗通仙灵。

七碗吃不得也，唯觉两腋习习清风生。

3. 宋代茶文化

宋代是文化发展的繁荣阶段，以宋词为代表的文化成达到了历史的高峰，以茶文化为特色的文化达到了空前的高度。唐代的皇帝偶尔会赐一些贡茶给大臣，在宋代则赐茶之风甚盛，受到皇帝恩赐茶叶的大臣们常要作诗或作文章对皇帝的恩赐表示感谢，称为谢茶表，见表1-2-1。

表1-2-1 宋代茶文化作品

茶文化类型	诗人	诗名	代表诗句
鸠坑茶	范仲淹	《潇洒桐庐郡十绝》	潇洒桐庐郡，春山半是茶
双井茶	欧阳修	《双井茶》	君不见建溪龙凤团，不改旧时香味色
谢茶表	王禹偁	《龙凤茶》	样标龙凤号题新，赐得还近作近臣
	丁谓	《北苑茶》	北苑龙茶者，甘鲜的是珍
	梅尧臣	《七宝茶》	七物甘香杂蕊茶，浮花泛绿乱于霞

4. 元明清茶的诗句

元代茶文化进入了曲折发展期。直到明代中叶，不少文人雅士留有传世之作。晚明到清初，精细的茶文化再次出现。

(二) 茶与茶画

茶兴于唐，最出名的唐代茶画当属周昉的《调琴啜茗图》，如图1-2-1所示。桂花芳香、梧桐静立。主人静坐石上抚琴，另有贵妇二人闲坐一侧，持茶慢饮，注目聆听。女童分立画面两端侍茶。仕女神情娇慵悠闲，姿态轻柔娴静，准确表现出唐代贵族妇女悠闲恬静的生活状态。

图1-2-1 《调琴啜茗图》(局部)

宋朝茶画少不了皇帝的身影。嗜茶、嗜画、嗜书法，宋徽宗赵佶的《文会图》是公认的茶会佳作，如图1-2-2所示。宋太祖十一世孙赵孟頫，在元朝创作了《斗茶图》。

图1-2-2　《文会图》(局部)

明代的文人因政治、社会等原因，对生活大多抱有一种与世无争的态度，茶饮成了他们的精神寄托。明代嘉靖前后，苏州已成为人文荟萃之地，沈周、文徵明、唐寅、仇英号称吴门画派中最有代表性的四位画家，都有茶画存世。

清代历史发展跨度大，文化呈现多元发展。清初的书画“四王”(王鉴、王翚、王时敏、王原祁)“六家”(加上吴历、恽寿平)，和后来的扬州八怪的作品中，都能找到茶相关的画作。

二、重点茶书

历史上著名的关于茶的著作主要见表1-2-2。

表1-2-2　著名的茶书

著作	作者	备　注
《茶经》	陆羽	世界上第一本关于茶的专著，也是我国最早全面介绍茶的专著，被誉为茶叶百科全书
《煎茶水记》	张又新	第一本关于煮茶时选择水的著作
《十六汤品》	苏廙	最早的关于品茶的著作
《大观茶论》	宋徽宗赵佶	皇帝撰写的关于论茶的专著
《茶录》	蔡襄	论茶的制作、品味和茶器的著作

1.《茶经》

陆羽《茶经》共分三卷十节，7000余字，从茶的起源历史、外形内质、功效作用、采茶制茶的工具、茶叶种类、采制方法、煮茶饮茶的器皿，到饮茶的风俗、茶的故事、茶叶产地和药效、各地所产茶叶的优劣等，可谓应谈尽谈，具体内容见表1-2-3。

表 1-2-3 《茶经》内容

<table>
<tr><td rowspan="10">《茶经》分三卷十节</td><td rowspan="3">卷上</td><td>一之源</td><td>讲茶的起源、形状、功用、名称、品质</td></tr>
<tr><td>二之具</td><td>谈采茶制茶的用具，如采茶篮、蒸茶灶、焙茶棚等</td></tr>
<tr><td>三之造</td><td>论述茶的种类和采制方法</td></tr>
<tr><td>卷中</td><td>四之器</td><td>叙述煮茶、饮茶的器皿，即 24 种饮茶用具，如风炉、茶釜、纸囊、木碾、茶碗等</td></tr>
<tr><td rowspan="6">卷下</td><td>五之煮</td><td>讲烹茶的方法和各地水质的品第</td></tr>
<tr><td>六之饮</td><td>讲饮茶的风俗，即陈述唐代以前的饮茶历史</td></tr>
<tr><td>七之事</td><td>叙述古今有关茶的故事、产地和药效等</td></tr>
<tr><td>八之出</td><td>将唐代全国茶区的分布归纳为山南（荆州之南）、淮南、浙西、剑南、浙东、黔中、江西、岭南等八区，并谈各地所产茶叶的优劣</td></tr>
<tr><td>九之略</td><td>分析采茶、制茶用具可依当时环境，省略某些用具</td></tr>
<tr><td>十之图</td><td>教人用绢素写茶经，陈诸座隅，目击而存</td></tr>
</table>

2.《大观茶论》

宋代的茶叶著作比较多，据统计有 25 部。除了《大观茶论》，还有蔡襄的《茶录》、宋子安的《东溪试茶录》、黄儒的《品茶要录》、唐庚的《斗茶记》等。而《大观茶论》是第一部由皇帝所写的茶书。

《大观茶论》是继《茶经》之后比较全面论述一个时代主流茶道艺术的著作。全书分 20 篇，2 800 余字。在叙述技术层面的地产、天时、采择、蒸压、制造、鉴辩、白茶、罗碾、盏、筅、瓶、杓等问题的基础上，提出了两个标准，即水的标准与茶的品鉴标准，见表 1-2-4。

表 1-2-4 《大观茶论》的两个标准

<table>
<tr><td colspan="2">水的标准</td><td rowspan="5">茶的品鉴</td><td rowspan="2">茶以味为上</td></tr>
<tr><td>清</td><td>清澈</td></tr>
<tr><td>轻</td><td>无重金属等杂质</td><td rowspan="3">香甘重滑为味之全</td></tr>
<tr><td>甘</td><td>水质微甜</td></tr>
<tr><td>洁</td><td>无鱼腥等混杂</td></tr>
</table>

三、茶与宗教

茶是深受世人喜爱的饮料，属于物质范畴；宗教是一种信仰、意识形态或精神力量。二者看起来距离遥远，却关系密切，有时甚至是相互依存、相得益彰。目前全球饮茶国已有 160 多个，饮茶人口 30 多亿。饮茶习惯能够从中国走向世界，宗教对其传播与推介居功至伟。

1. 茶与道教

崇尚自然的茶文化内涵与道家的自然观，一直是中国人精神生活及观念的源头。自东

汉顺帝汉安元年，在名山胜境宫观林立，几乎都栽种茶树，宫观道士流行以茶待客。在唐代，道士喜饮茶者已比比皆是。茶“轻身延年”，成了想得道成仙的道家修炼的重要辅助手段，而将茶作为长生不老的灵丹妙药。饮茶对人体的功效也在道教门徒的宣扬下被人重视。同时，道教在“打醮”时，献茶也成为程式之一，对茶的传播起了一定的作用。

2. 茶与佛教

佛教的嗜茶风尚促进了茶叶的发展。佛教修行之法为戒、定、慧。戒即不饮酒，戒荤吃素；定即坐禅修行，要求坐禅时进入专注忘我的境界。而饮茶不但能“破睡”，还能清心寡欲、养气颐神。故有“茶中有禅”“茶禅一体”“茶禅一味”之说。佛教的兴盛发达，对茶的广为传播和发展，有很大的影响。

在佛教昌盛的唐代，僧众们非但饮茶，且广栽茶树，采制茶叶。在我国南方，几乎每个寺庙都有自己的茶园，而众寺僧都善采制、品饮。所谓“名山有名寺，名寺有名茶”，名山名茶相得益彰。如南京栖霞寺、苏州云岩寺、庐山招贤寺等，历史上都出产名茶，名噪一时。

中国饮茶文化传入日本，形成了日本的茶道；传入英国，成为伦敦的午后茶。可见茶禅文化对世界文明的影响之深远。

3. 茶与天主教

欧洲最初的饮茶传播者是16世纪到中国及日本的天主教布道者。1556年第一个在中国传播天主教的葡萄牙神父克鲁士，在约1560年返国后介绍：“中国上等人家习以献茶敬客，味略苦，呈红色，可以治病，为一种药草煎成之液汁。”意大利传教士勃脱洛、利玛窦，葡萄牙神父潘多雅以及法国传教士特莱康等也相继介绍：中国人用一种药草榨汁，用以代酒，可以保健康，防疾病，并可免饮酒之害；主客见面，互通寒暄，即敬献一种沸水泡之草汁，名之曰茶，颇为名贵，必须喝二三口。他们在学得中国的饮茶知识和习俗后，向欧洲广为传播。

4. 茶与伊斯兰教

伊斯兰教传入我国，影响的主要是北方及西北边疆的少数民族聚居区。这些地区大部处在高原地带，气候寒冷，以畜牧业为主，并以乳肉类为主要食品，蔬菜奇缺。当地居民在长期生活实践中，逐步认识到饮茶不仅能生津止渴，且有解油腻助消化等功能。伊斯兰教教徒的日常生活离不开茶，凡有客进门，必以茶相待，有重大节庆，也会以茶代酒相敬。

对于宗教来说，茶不仅是一种饮品，多数情况下还是修身养性、提高自身觉悟的媒介，不得不说，宗教在茶文化传播发展中做出了重大贡献。

四、国内饮茶习俗

千里不同风，百里不同俗。我国每个民族的饮茶风俗也各不相同。即使是同一民族，在不同地域，饮茶习俗也各有千秋。“多元聚为一体，一体容纳多元”，体现了中华民族充分尊重多元化发展，不断满足各族群众对美好生活的向往，坚定维护民族团结决心。

（一）不同地区饮茶习俗

北京人爱喝花茶，上海人则喜好绿茶，福建人却爱喝乌龙茶、红茶等。有些地方，喝茶时还喜欢往茶里放些佐料，如湖南一些地方常用姜盐茶待客，不仅有茶叶，而且有盐、姜、炒黄豆和芝麻，喝茶时边摇边喝，最后把黄豆、芝麻、姜和茶叶一起倒入口中，慢慢地嚼出香味，所以不少地方又称“喝茶”为“吃茶”。

(1) 品龙井　主要流行于苏浙沪大中城市。品饮龙井茶要做到：一要境雅，即自然环境、品饮环境优雅；二要水净，即泡茶用水洁净；三要具精，以白瓷杯或玻璃杯为上；四要艺巧，既要适情，又要有闲情逸致，抛却烦闷琐事，方有兴味品茶。

(2) 啜工夫茶　流行于广东、福建、台湾等地，习惯用小杯啜饮。现在这种品茶方法，已在部分大中城市兴起。要真正领略到啜工夫茶的妙趣，升华到艺术享受的境界，须具备三个基本条件，即上好的乌龙茶、精巧的工夫茶具，以及富含文化的饮法。

(3) 技艺双全盖碗茶　最普遍的是四川。用盖碗泡茶，盖着可以保温；启盖后，可以凉茶；捏住盖碗，还可推去茶汤表面的悬浮叶片，搅匀茶汤浓度；而端起碗托喝茶，不烫手；将茶碗放在桌上，有茶托保护，不会灼伤桌面。用盖碗饮茶，既不失风雅情趣，又十分实用方便。

(4) 一盅两件吃早茶　在南方，尤其是岭南，有吃早茶的风俗。既能充饥补营养，又能补水解渴生津。早茶具有茶饮、茶食和茶文化的共性。

(5) 趁热畅饮大碗茶　主要流行于中国的北方，尤其是北京的大碗茶，更为出名。喝大碗茶的场所，无须楼堂、馆所，摆设也比较简便，通常在门前屋檐下，或搭个简易凉棚，以茶摊形式出现，主要为过往客人消暑解渴提供方便。

(6) 止渴生津喝凉茶　多见于中国南方。凉茶性寒，在南方湿热之地，喝一杯凉茶，有清凉、止渴、生津之功效。凉茶除了清茶外，往往还掺入一些具有清热解毒作用的植物配料。

(7) 精心待客九道茶　多见于昆明地区书香门第的家庭。接待嘉宾时，不但要求品茗环境的整洁和美观，更需要沏茶有道、泡茶有艺。须有九道程式，即选茶、温器、投茶、瀹茶、匀茶、斟茶、敬茶和呷茶。

(二) 少数民族饮茶习俗

1. 擂茶

(1) 地区　湖南、湖北、江西、福建、广西、四川、贵州等地的南方客家人聚居地。

(2) 制作方式　将茶叶、生姜、生米仁研磨配制后，加水烹煮而成，又名三生汤。也有加花生、玉米、白糖或食盐的，如图 1-2-3 所示。

图 1-2-3　擂茶

(3) 功用　提神去腻，清心明目，健脾养胃，滋补益寿；既是解渴饮料，又是健身的良物。

2. 白族三道茶

(1) 地区　苍山之巅，洱海之滨的白族聚居区。

(2) 制作方式　依次敬献客人三道茶，如图 1-2-4 所示。第一道茶，苦茶：

第一步：把苍山绿或沱茶，放入事先在炭上预热的小砂罐里。

第二步：不停地抖动砂罐，待茶叶的颜色呈现微黄并散发出焦香时，立即冲入开水。

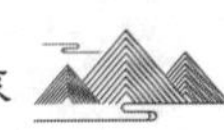

图1-2-4　白族三道茶

第三步：分茶至小茶盏，敬献给客人。

第二道茶，甜茶：在带茶托的小茶碗内放入生姜片、红糖、白糖、蜂乳、炒热的白芝麻，薄如蝶翅的熟核桃仁片、乳扇注入开水即可；或以橄榄、菠萝等茶点相佐。

第三道茶，回味茶：

第一步：将桂皮、花椒、生姜片放入水里煮。

第二步：将煮出的汤汁倒入杯内，加入苦茶、蜂乳即可饮用。

(3) 功效　苦茶具有绿茶的醇味、苦味，香味清郁，饮用后使人齿颊生香，精神为之一振。纯真的茶味体现了白族人民的质朴的精神风貌。甜茶香甜可口，营养丰富，表达出白族人民的盛情厚谊。回味茶能祛除湿气，有助健康。

4. 油盐茶

(1) 地区　傈僳族聚居区。

(2) 制作方式

第一步：先用小土陶罐将茶烤得焦黄，加入开水冲泡。

第二步：放入食用油、盐、加入开水沸煮3～5分钟即可。

傈僳族新婚时喝红糖油茶，由女方家用花生仁、芝麻和茶叶等佐料碾碎后制成的油茶中加入红糖配制而成。

(3) 功用　既能解渴，又能充饥。饮用后周身出汗，浑身有力，防感冒。

5. 竹筒茶

(1) 地区　傣族聚居区。

(2) 制作方式

第一步：晒干的春茶放入刚砍回来的香竹筒里内，放在火塘上的三脚架上烘烤6～7分钟。

第二步：用木棒将竹筒内软化的茶叶杵压后，再装茶叶，边装边烘边杵，直到竹筒内填满杵紧。

第三步：待茶烤干后，割开竹筒，取出圆柱形的茶叶团适量冲泡即可。

(3) 功能　止渴解乏，祛热解暑，明目化滞。

6. 酥油茶

(1) 地区　藏族聚居区。

(2) 制作方式　将砖茶捣碎，放入锅内，加水煮沸，熬成茶汁后，倒入木制或铜制的茶桶内。然后，加适量的酥油和少量的鲜奶，搅拌成乳状即可食用。

客人不喜欢喝，也可以不喝。但是，如果喝了一半不想喝了，要等主人添满，放在一边，告辞时再一饮而尽，才不至于失礼。

任务评价

1. 世界上第一部茶书是(　　)。

A.《品茶要录》　B.《茶具图赞》　C.《榷茶》　D.《茶经》

2. 藏族喝茶有一定礼节，三杯后当宾客将添满的茶汤一饮而尽时，茶艺师就(　　)。

A. 继续添茶　B. 不再添茶　C. 可以离开　D. 准备送客

3. 汉族饮茶，大多推崇(　　)，茶艺师可根据宾客所点茶品，采用不同方法沏茶。

A. 咸味调饮　B. 纯茶清饮　C. 甜味冷饮　D. 柠檬调饮

4. 白族三道茶是(　　)。

A. 洗尘茶、鸡蛋茶、擂茶　B. 迎客茶、留客茶、祝福茶

C. 一苦二甜三回甘　D. 对尊贵宾客要斟茶三道，俗称三道茶

5. 用黄豆、芝麻、姜、盐、茶合成，直接用开水沏泡的是宋代(　　)。

A. 豆子茶　B. 薄荷茶　C. 葱头茶　D. 黄豆茶

能力拓展

能力拓展

扫二维码了解更多国内茶文化知识：

1. 传世名画中的茶课：《萧翼赚兰亭图》唐代饮茶初相。

2. 德昂族的茶文化——成年礼茶、婚礼茶。

任务3　让茶饮走向世界

学习目标

1. 了解茶叶的外传途径和方式。
2. 了解不同国家茶的发音以及茶字的由来。
3. 掌握世界主要产茶国以及部分国家的饮茶习俗。

任务描述

中国茶、中国茶席、中国茶师已经走向了世界的舞台，让更多的人感受到中国茶的魅力。本次任务需要你熟悉茶的外传之路，世界主要产茶国和国外饮茶习俗，并熟悉新时代的茶叙外交。把弘扬优秀传统文化和发展现实文化有机统一起来，在继承中发展，在发展中继承。

任务分析

茶起源于中国，流行于世界，各国的种茶或饮茶都是直接或间接从中国传播来的。茶是国饮，也是东西方文化交流的重要媒介。本次任务要从了解茶的向外传播开始，重点是理解新时代茶叙外交的作用，难点是记住世界主要产茶国并掌握不同国家的饮茶习俗。

任务准备

提前查阅关于茶向外传播的历史资料，做好课前预习，课上通过多媒体与老师和同学积极互动。

任务实施

学习脉络：茶的外传之路—新时代的茶叙外交—世界主要产茶国—国外饮茶习俗。

一、茶的外传之路

茶的外传最开始是茶叶产品和饮茶方式的外传，以后才有茶树种植和加工方法的外传，同时还有茶书的外传。

中国茶叶外传经历了漫长的发展阶段，通过不同渠道传到世界各地，见表 1－3－1。

表 1－3－1　茶叶的外传

时间	茶叶输出地	传 播 方 式
4 世纪末 5 世纪初	朝鲜半岛	茶叶随佛教传入高丽国
805—806 年	日本	最澄、空海禅师、荣西禅师携回茶籽试种
10 世纪	蒙古	商队将砖茶经西伯利亚带至中亚
15 世纪初	葡萄牙	商船将中国茶叶带入西方贸易
1567 年	俄国	哈萨克人将中国茶传入俄国
1610 年	荷兰	将茶叶带至西欧
17 世纪	英国	社会上层人士的互赠佳品
17 世纪中叶	美洲	殖民者热衷于喝茶，茶叶贸易盛行。1773 年波士顿倾茶事件是美国独立战争的导火线
1731 年	印度尼西亚	从中国引入茶种种植
1833 年	格鲁吉亚	俄国从湖北羊楼洞调运茶种在当地栽种，成为欧洲第一片茶园
1848 年	印度	英属东印度公司从中国带回茶苗 2 万株、茶籽 1.7 万粒和 8 位中国茶农发展印度茶产业
1888 年	土耳其	从日本传入茶籽试种
19 世纪末	巴西	日侨设立茶场
1903 年	肯尼亚	英国人引进茶种试种
1924 年	阿根廷	由中国传入茶籽种植于北部地区，并相继扩种
1962 年	马里、几内亚	中国派遣专家考察与种茶，建茶园、茶厂
20 世纪 40 年代	澳洲	塔斯马尼亚试种中国茶
20 世纪 60 年代	玻利维亚	从秘鲁引进茶种试种

目前，世界上有 50 多个国家引种了中国的茶籽、茶树，有 160 多个国家和地区的人民有饮茶习俗，饮茶人口 30 多亿。

世界各国茶的读音也是由中国南北方言演变而成。茶叶的发源地位于中国的西南地区，但茶叶之路却是通过广东和福建传播于世界。当时，广东一带的人把茶念为“CHA”；而福建一带的人又把茶念为“TE”；广东的“CHA”经陆地传到东欧；而福建的“TE”经海路传到西欧。不同国家茶的发音如图 1－3－1 所示。

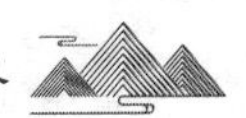

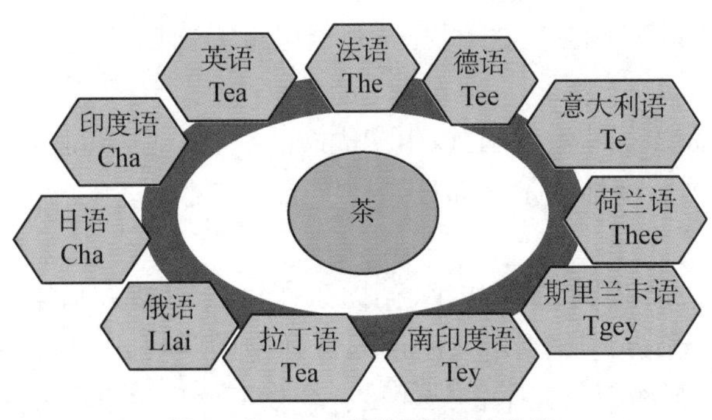

图1-3-1　不同国家茶的发音

茶文化的外传最重要的是饮茶方式的外传。因为自然条件的局限，有许多国家不适合种植茶树。

二、新时代的茶叙外交

茶叶与丝绸、瓷器等随丝绸之路传到欧洲，并逐渐风靡世界，与国宝熊猫一样，都是共结和平、友谊、合作的纽带。在中国的外交场合，茶多次作为国礼赠送给外国元首、政要，茶也是搭建外交途径的有效桥梁。习近平主席更是将茶的外交属性发挥到极致，从奥巴马到特朗普，从特蕾莎·梅到莫迪，从APEC到金砖会晤……近年来，几乎每一次重大外事访问或是国内举办的国际会议都有中国茶的身影，茶叙已经成为中国领导人的外交新常态。

"一带一路"倡议的提出，更为中国茶"走出去"带来千载难逢的机遇。"一带一路"沿线国家中，除了印度、越南、印度印西亚、土耳其、斯里兰卡等国有茶叶生产外，大部分为茶叶消费国。随着"一带一路"倡议的加快实施和消费结构升级，茶叶的消费群体不断扩大，消费水平不断提高，贸易交流越来越广泛。茶叶已经成为中国与世界人民，特别是"一带一路"沿线国家相知相交的重要媒介。

从"一片叶子成就了一个产业，富裕了一方百姓"的经典论述，到"万里茶道""茶酒论""茶之友谊"等茶叙外交；从古代的丝绸之路、茶马古道、茶船古道，到今天的丝绸之路经济带、21世纪海上丝绸之路，路因茶而生，贸易因茶而兴。

在茶叶贸易中提升茶文化交流水平，在茶文化交流中推动茶叶贸易蓬勃发展，也应是中国茶走向世界的题中之义。

知识链接

习近平总书记在比利时布鲁日欧洲学院的演讲上曾指出："正如中国人喜欢茶而比利时人喜爱啤酒一样，茶的含蓄内敛和酒的热烈奔放代表了品味生命、解读世界的两种不同方式。但是，茶和酒并不是不可兼容的，既可以酒逢知己千杯少，也可以品茶品味品人生。中国主张和而不同，而欧盟强调多元一体。中欧要共同努力，促进人类各种文明之花竞相绽放。"

习近平总书记与茶叙外交

三、世界主要产茶国

世界产茶国主要集中在亚洲、非洲和拉丁美洲，大洋洲和欧洲产茶较少。就茶叶种植面积和茶叶产量而言，世界各茶区主要产茶国中，位居世界前四的分别是中国、印度、肯尼亚、斯里兰卡。

中国是世界上最大的茶叶生产国，以生产优质的绿、黄、白茶闻名，世界上大约80%的绿茶出口来自中国。中国云南地区是已知最早种植茶叶的地区之一。

1. 印度

印度是世界第二大产茶国。1780年，英国东印度公司商人从中国输入茶籽到印度试种，但因种植不当而未成功。1834年又派遣人员到中国学习，并购买茶籽、种苗，招募制茶工人。从此，中国的种茶和制茶技术传到印度。印度有22个邦产茶，主要产茶邦是阿萨姆和西孟加拉(大吉岭属此茶区)、喀拉拉、泰米尔纳杜。茶区大面积选用优良品种。老茶园实行改植换种，注重提高单产，优化产品结构，积极发展提质茶、增值茶，提高出口创汇效益。

印度生产的茶叶，96%以上是红茶，只生产少量的绿茶，人均年消费量为750克。印度人喜欢喝加糖或加羊奶的红茶，有时也加入一点儿姜片、茴香、豆蔻等佐料，以增加茶的香味和营养成分。印度人没有喝汤的习惯，但是在饭后一定要喝一杯香浓的奶茶。

2. 斯里兰卡

斯里兰卡有6个省11个区产茶，主要产茶区是康提、纳佛拉、爱里、巴杜拉和拉脱那浦拉，茶园面积占全国总面积77%。

斯里兰卡气候温暖(年平均气温20℃)，雨量充沛(年降雨量1 800～1 900毫米)，土质优良，适合茶叶的种植。大多数锡兰茶园位于西南部地区，在高温、潮湿的平原和山脚，茶树每七八天就发一次芽，一年四季都有茶叶可采。最优质的茶叶采摘期在东部，为7月底到8月底；西部地区为2月初至3月中旬。锡兰人饮茶的历史较印度晚得多，该地区原来多种植咖啡，直至1840年才有人开始试种茶树。

斯里兰卡盛产红茶，享有红茶之国的美誉。斯里兰卡红茶醇香怡人，享誉欧洲乃至整个世界。主要得益于她独特的地理位置和较大的日夜温差。锡兰红茶和中国祁门红茶、印度阿萨姆红茶及大吉岭红茶，并称世界四大高香红茶。

斯里兰卡全国茶园面积20多万公顷，产茶32万多吨，绝大部分出口。茶业是斯里兰卡国民经济的重要支柱。斯里兰卡的茶园都分布于山区，根据海拔不同有高地茶、中地茶和低地茶之分。高地茶品质最好，低地茶品质较差。斯里兰卡近年来为了提高茶叶生产效益，大力发展小包装茶、袋泡茶和速溶茶，也开始仿制中国绿茶。

3. 肯尼亚

1903年肯尼亚从印度引种种植茶树，直到1928年才有商品茶面世，现已成为世界第三产茶大国。肯尼亚是赤道国家，气候温暖，雨量充沛，光照充足，全年适宜茶叶种植、生长。茶叶产区主要集中在肯尼亚境内东非大裂谷两侧。该地区的略酸性的火山灰土壤非常适宜茶树的种植。肯尼亚地处高原，虫害极少，无需使用农药。肯尼亚茶叶发展局制订了详细的标准，保证茶叶质量，茶叶自然纯净无农残，品质较高。

肯尼亚茶叶大多采用CTC红碎茶工艺，仅有百余年历史，是标准化、工业化大生产的产物，主要为了提高产能和效率，并且以浓、强、鲜的优异品质特点而享誉世界，适合添加奶和糖制成调味茶饮。

由于一开始就引种优良品种，运用新工艺加工，肯尼亚的红茶质量一直位居世界前列。

肯尼亚红茶符合欧美消费者口味，且价格低廉，在国际市场上很受欢迎，每年出口大量的红茶。出口量为44.3万吨，占全球茶叶出口量的25%，全球第一。2019年，肯尼亚茶叶出口额达11亿美元。茶业已经成为肯尼亚第二大创汇产业。

四、国外饮茶习俗

1. 日本茶道

日本自805年从中国引种茶籽开始已有一千多年的种茶历史。全国有44个府县产茶，主要分布在静冈、鹿儿岛、奈良、宫崎、京都等地，其中静冈是主产县，产量占全国总产量的50%左右。全国种茶面积约5万平方千米，产茶约9万吨。主产蒸青绿茶，有玉露茶、煎茶、碾茶、玉绿茶和番茶数种。

中国宋代兴盛的末茶点茶在镰仓时代(1185～1333)传到日本，并逐渐本土化。到了室町时代中期，一休禅师的弟子村田珠光在修业期间，悟出了佛法诸像也可从日常茶饭中的茶汤作法中求得，参悟茶禅一味。将茶汤改为茶之汤，是日本茶道的开始。茶汤之道，从此作为一种日常生活艺术，也是一种礼节与社交规范，直接影响了中世纪以后日本的文化与文明。16世纪末，千利休继承历代茶道精神，创立了日本正宗茶道。他提出的和敬清寂，用字简洁而内涵丰富。清寂是指冷峻、恬淡、闲寂的审美观；和敬表示对来宾的尊重。整个茶会期间，从主客对话到杯箸放置都有严格规定，甚至点茶者伸哪只手、先迈哪只脚、每一步要踩在榻榻米的哪个格子里也有定式，正是定式不同，才使现代日本茶道分成20多个流派。

图1-3-2 日本茶道

日本茶道不仅仅是物质享受，而且通过茶会，学习茶礼，陶冶性情，培养人的审美观和道德观念，如图1-3-2所示。

2. 韩国茶礼

韩国茶礼又称茶仪，是民众共同遵守的传统风俗，源于我国，并把禅宗文化、儒家文化、道家文化以及韩国传统礼节融于一体。茶礼侧重于礼仪，强调茶的亲和、礼敬、欢快，如图1-3-3所示。韩国把茶礼贯穿于各阶层之中，以茶作为团结全民族的力量。

图1-3-3 韩国茶礼

韩国茶礼提倡和敬俭真。“和”要求人们必须具备善良的心,互相尊敬,互相帮助;“敬”是要有正确的礼仪;“俭”是指俭朴的生活;“真”是要有诚的心意。茶礼过程包括迎客、环境和茶室陈设、书画和茶具的造型与排列、投茶、注茶、茶点、吃茶等。茶礼是阴历的每月初一、十五、节日和祖先生日在白天举行的简单祭礼,或像昼夜小盘果、夜茶小盘果一样来摆茶的活动,也有专家将它定义为贡人、贡神、贡佛的礼仪。

3. 英式下午茶

英国下午茶有高茶(high tea)和低茶(low tea)之分。尽管现在有时候两者都可以代指下午茶,但是传统上高茶是指能饱腹的食物。工业革命时期的工人是坐在较硬的高椅和高桌上吃东西的,方便快速吃完接着干活;而贵族们则是用低矮的茶几,悠闲地边吃边聊。

图 1-3-4 《傲慢与偏见》剧照

从诞生开始,英式下午茶的器具就非常精美,基本配置包括茶杯、茶壶、茶匙、茶刀、滤勺、广口瓶、饼干夹、放茶渣的碗、三层点心盘、砂糖壶、茶巾、保温面罩、茶叶罐、热水壶和托盘等,如图 1-3-4 所示。

一般来说,点心架的第一层放置咸味的各式三明治,经典元素包括黄瓜、蛋黄酱、水芹、烟熏三文鱼、芝士、鸡肉、火腿和黄芥末等。第二层放传统英式点心司康饼,也是英式下午茶必备,第三层一般为蛋糕、慕斯或水果挞等甜点。吃点心时“先咸后甜”。传统下午茶只采用红茶,而且不能是茶包。不过,现在也有许多酒店和餐厅提供花茶和奶茶。

英式下午茶的仪式感和唯美画风,并不能涵盖它的意义。对于女性来说,英式下午茶其实很值得感激,因为它是女性争取权利的利器。在下午茶诞生之前,社交更多是属于男性的权利,更多在咖啡馆与茶室。而下午茶从诞生之日起,就有着极深的性别属性。它由女性发明,由女性带起风潮,之后才有男性慢慢加入。从喝茶到英式下午茶诞生,就是一个女性不再为父权和旧时社会风气所束缚的过程。

任务评价

1. 有人说茶叶是从中国传到日本,再从日本传向世界各地的,这种说法对吗?为什么?
2. 简述英日韩饮茶习俗。

能力拓展

扫二维码了解更多茶叶和茶文化外传的知识:

1. 斯里兰卡茶叶发展;英国下午茶的由来;
2. 古今茶路传茶情;
3. 中华茶德之“和”:和而不同,和睦共融。

模块一 入门基础篇

项目二 科学健康饮茶

党的二十大提出：推进健康中国建设。人民健康是民族昌盛和国家强盛的重要标志。把保障人民健康放在优先发展的战略位置，完善人民健康促进政策。

经历了数千年实践的检验，茶的保健功效已为世人所公认。然而，茶的保健作用是有条件的，不合理的饮茶方式不但起不到保健作用，还可能造成不良后果。人们已经认识到要根据一定的科学依据选择茶叶，所以很多人会根据自身的情况发出这样的疑问：

虚寒体质的人适合喝哪种茶？

冬季天气严寒，适宜喝哪种茶？

每天喝茶量是如何因人而异的？

经期、孕期、产期的女性在饮茶方面有什么禁忌？

茶的口感为什么是苦涩的，绿茶为什么喝起来鲜爽？

种种疑问需要我们去解答。

那么如何科学健康的饮茶呢？在本项目中，我们将学习茶叶中含有哪些主要成分以及这些成分的保健功效，在此基础上，掌握科学饮茶的原则和方法。

任务1　认识茶叶中主要成分及保健功效

学习目标

1. 了解古今茶疗方及功效。
2. 掌握茶叶中主要成分及特性。
3. 认识茶的保健功能。

任务描述

茶是世界上最健康的饮料。茶既解渴，同时又富有审美意趣和保健功效。本任务需要你运用茶的特征性成分(茶多酚、茶氨酸、生物碱)解释茶的风味特征与保健功效。

任务分析

茶的保健功效引起了人们的重视。很多人都知道喝茶健康养生，却说不出喝茶有哪些好处，茶叶中有哪些营养成分。本任务的重点是认识主要茶叶成分与品质风味的关系；难点是正确理解茶叶的保健功能。

任务准备

1. 分组比较空腹喝红茶与绿茶有何不同感觉。茶冲泡茶水比 1∶50，浸泡 2 分钟，饮用 50 毫升/次。

2. 比较晚上睡觉前喝白开水、淡茶、喝浓茶对睡眠的影响。

任务实施

学习脉络：古今茶疗方及功效—茶叶中主要成分及其特性—茶的主要保健功效。

一、古今茶疗及功效

养生重在养心，而茶能颐养身心。虽然现代医学发达，但古人对茶的研究、理解，绝不逊色于今人，古籍中就有很多关于茶能养生的记录。

关于茶的传统用法的功效，不仅在历代茶、医、药三类文献中多有述及，而且在经史子集中也多有散见。

早在4000多年前，古人就发现了茶具有“止渴除疫、少睡利尿、明目益思”等功效。茶疗起源于唐朝，借助茶疗这一中国化的养生方式来强身健体，很多延年益寿的茶疗茶方至今仍被广泛运用，见表2-1-1。

表2-1-1 古人茶疗养生方及功效

茶疗名称	配方	功效
醋茶	茶叶5克，水冲泡5分钟，滴入陈醋1毫升	和胃止痢、活血化瘀，治牙痛、伤痛及胆道蛔虫症
糖茶	茶叶2克、红糖10克，用开水冲泡5分钟，饭后饮	补中益气、和胃消食之功效，也治大便不通、小腹冷痛、痛经等
盐茶	茶叶3克，食盐1克，开水冲泡7分钟后饮	明目消炎、化痰降火、利咽功效，可治伤风微咳、咽喉肿痛、牙龈发炎、双目红肿等
蜜茶	茶叶3克，水冲泡5分钟，微温时冲蜂蜜5毫升，饭后饮	具有止渴养血、润肺益肾之功效，也可治虚弱、精神差、脾胃功能差及便秘等
奶茶	在煮沸的牛奶中加入少许白糖，按1勺牛奶、2勺茶汁比例饮用	健脾和胃、明目提神，适宜体弱、消化不良、大病、久病者食用
菊茶	茶叶、杭菊各2克，以沸水冲泡	具有清肝明目、清热解毒之功效，久服聪耳明目、抗衰老，能治干咳、咽痛
枣茶	茶叶5克，沸水冲泡7分钟后，加入10枚红枣捣烂的枣泥	有健脾补虚的作用，尤其适用于小儿夜尿、不思饮食
银茶	茶叶2克，金银花1克，沸水冲泡后饮	可清热解毒、防暑止渴，对暑天发热、疖肿、肠炎有效
橘红茶	橘红3～6克、绿茶5克，用开水冲泡再放锅内隔水蒸20分钟后服用，每日1剂，随时饮用	有润肺消痰、理气止咳之功，适用于秋令咳嗽痰多、黏而咳痰不爽之症

二、茶叶中主要成分及其特性

1. 茶叶中的化学成分

到目前为止，茶叶中分离鉴定的已知有机化合物有700多种，如图2-1-1所示，茶鲜叶中，水分占75%～78%，干物质占22%～25%。茶叶干物质包括93%～96.5%的有机物和3.5%～7%的无机物。

2. 茶叶中的主要保健成分

茶叶中的保健成分见表2-1-2，其作用见表2-1-3。

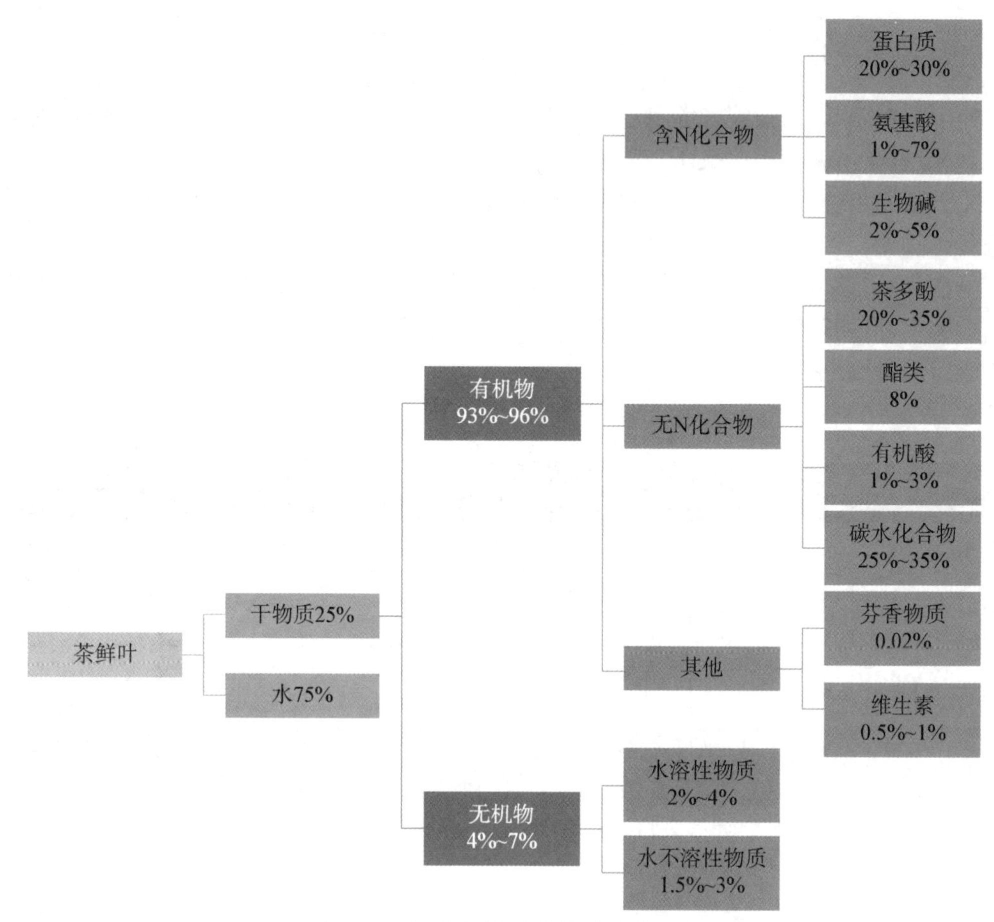

图 2-1-1　茶树鲜叶中的成分及比例

表 2-1-2　主要保健成分

<table>
<tr><td rowspan="7">1. 茶多酚</td><td rowspan="4" colspan="2">儿茶素类
（黄烷醇类）
（75%）</td><td rowspan="2" colspan="2">简单儿茶素</td><td colspan="4">表儿茶素 EG</td></tr>
<tr><td colspan="4">表没食子儿茶素 EGC</td></tr>
<tr><td rowspan="2" colspan="2">酯型儿茶素</td><td colspan="4">表儿茶素没食子酸酯 ECG</td></tr>
<tr><td colspan="4">表没食子儿茶素没食子酸酯 EGCG</td></tr>
<tr><td colspan="8">黄酮（花黄素类）及黄酮苷类（10%）</td></tr>
<tr><td colspan="8">酚酸和缩酚酸类（10%），易溶于水的芳香类化合物</td></tr>
<tr><td colspan="8">花青素类和花白素类（含量少）</td></tr>
<tr><td rowspan="5">2. 色素</td><td colspan="8">天然色素</td></tr>
<tr><td colspan="4">脂溶性色素</td><td colspan="4">水溶性色素</td></tr>
<tr><td colspan="2">叶绿素类</td><td colspan="2">类胡萝卜素</td><td colspan="2">花黄素类</td><td colspan="2">花青素类</td></tr>
<tr><td colspan="8">加工过程中形成的色素</td></tr>
<tr><td colspan="3">茶黄素类（TF）</td><td colspan="3">茶红素类（TR）</td><td colspan="2">茶褐素类（TB）</td></tr>
</table>

续　表

3. 氨基酸	茶氨酸占氨基酸总量的50%			
4. 蛋白质	绝大部分不溶于水，水溶性蛋白质含量仅有1%～2%			
5. 生物碱	咖啡碱		可可碱	茶叶碱
6. 糖类	可溶性糖		多糖	复合多糖
	单糖	双糖	纤维素、半纤维素、淀粉和果胶	茶多糖
7. 芳香物质	挥发性香气成分，已分离鉴定的芳香物质约700种			
8. 皂苷	茶皂素			

(1) 茶多酚及其氧化产物　茶多酚是茶叶中多酚类物质的总称，早期称茶鞣质(或茶单宁)，因其大部分溶于水，又称为水溶性鞣质。喝茶时涩的感觉主要来源于茶多酚。审评时多用收敛性描述，因多酚类物质与口腔黏膜表层的蛋白质结合，暂时凝固成不透水层，这一层薄膜产生涩的味觉体验。此外，茶多酚类物质容易在多酚氧化酶或其他氧化剂的催化条件下生成茶黄素(TF)、茶红素(TR)和茶褐素(TB)，这些产物与红茶的品质相关。

(2) 特有氨基酸——茶氨酸　茶氨酸味阈值很低，极易被感觉到。茶氨酸鲜爽的滋味在很大程度上可以缓解茶汤中的苦涩味，提高了茶叶的品质。

(3) 咖啡碱　咖啡碱最初在咖啡中发现，因此将其称为咖啡碱。茶叶中的咖啡碱含量大约占2%～4%，比咖啡豆中的咖啡碱含量(1%～2%)还高。虽然咖啡碱有振奋精神的作用，但因为喝茶时，同时摄入了一定量的茶氨酸，而茶氨酸具有镇静安神的作用，拮抗了咖啡碱的兴奋作用，因此喝茶时的兴奋没有喝咖啡时来的强烈。

表2-1-3　主要保健成分的作用

特征性成分	呈味性	作用简述
茶多酚	涩、苦	①降低血脂。②抑制动脉硬化。③增强毛细血管功能。④降低血糖。⑤抗氧化、抗衰老。⑥抗辐射。⑦杀菌、消炎。⑧抗癌、抗突变等。
咖啡碱	味苦，极易溶于热水	①使神经中枢兴奋，消除疲劳，提高劳动效率。②抵抗酒精、烟碱的毒害作用。③对中枢和末梢血管系统及心波有兴奋和强心作用。④有利尿作用。⑤有调节体温的作用。⑥直接刺激呼吸中枢兴奋。
茶氨酸	鲜爽	调节脂肪代谢，促进毛发生长与防止早衰，对促进人体生长发育以及智力发育有明显辅助功效，还可以增加钙与铁的吸收，预防老年性骨质疏松。显著提高人体免疫力。

3. 茶叶中的其他有效成分

除了特征性成分外，茶叶中还含有其他有效成分，如茶多糖、维生素和矿物质、芳香物质、色素、维生素等。

(1) 茶多糖　主要为水溶性，易溶于热水。一般情况下，茶叶原料越老，茶多糖含量越多，乌龙茶中的茶多糖含量高于红茶、绿茶。茶具有很好的降血糖功效，有效成分就来源于水溶性茶多糖。

(2) 芳香物质　茶叶中挥发性物质的总称。已发现并鉴定的香气成分约700多种,包括醇类、醛类和羧酸类等十大类。茶叶香气的形成和浓淡,既受不同茶树品种、采摘季节、叶质老嫩的影响,也受不同制茶工艺和技术影响。所谓不同的茶香,实际是不同芳香物质以不同浓度的组合,如绿茶清香,红茶甜香,乌龙茶花香果香,黑茶陈香,白茶毫香,黄大茶锅巴香等。

(3) 色素　鲜叶中的色素包括脂溶性色素和水溶性色素两种,其分类和特性见表2-1-4,色素含量仅占茶叶干物质总量的1%左右。

表2-1-4　茶叶中色素的分类

分类	亲水性	显色位置	色素名称	颜色
脂溶性色素	不溶于水	干茶和叶底	叶绿素A	深绿色
			叶绿素B	黄绿色
			胡萝卜素	橙红色
			叶黄素	黄色
水溶性色素	易溶于水	茶汤	花青素	红紫色
			茶黄素	黄色
			茶红素	深红色
			茶褐素	褐色

(4) 维生素　茶叶中含有丰富的维生素,其含量占干物质总量的0.6%～1%。维生素类分水溶性和脂溶性两类。脂溶性维生素有维生素A、维生素D、维生素E等。维生素A含量较多。脂溶性维生素不溶于水,饮茶时不能直接吸收利用。水溶性维生素有维生素C、维生素B_1、维生素B_2等。维生素C含量最多,一般每100克高级绿茶中含量可达250毫克左右,最高的可达500毫克以上。

中华茶德之"康"

三、茶的主要保健功效

茶叶不但有很多药用成分,而且还具有一定的保健功效。

1. 预防衰老

人体中脂质过量氧化和体内自由基过量形成是人体衰老的重要机制,服用具有抗氧化作用的化合物,如维生素C和维生素E,可起到增强抵抗力、延缓衰老的作用。茶叶中的儿茶素类化合物具有明显的抗氧化活性,而且活性强度超过维生素C和维生素E。比较了红茶、绿茶和21种蔬菜、水果的抗氧化活性,结果表明比供试蔬菜和水果高许多倍。日本、中国和韩国已先后将茶叶中的茶多酚压制成片剂,作为人体的防衰老剂。

2. 增强免疫力

茶叶具有增强免疫力功效。将茶叶中的脂多糖注入动物或人体后,在短时间内即可增强机体非特异性免疫力;茶色素含有的硒、锗等微量元素,具有促进新陈代谢、增加免疫力及抗癌功能。茶色素还能明显升高超氧化物歧化酶(SOD)活力,清除自由基,降低脂过氧化物

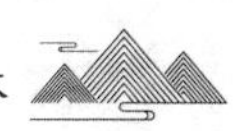

酶(LPO)含量,保护细胞免受损害,并具有对抗基因突变的能力。茶叶可以杀灭肠道中的有害细菌,并能够促进有益细菌的生长和繁殖,因而可以改善肠道微生物结构,提高肠道免疫力,增进人体健康。

3. 抗癌抗突变

儿茶素(EGCG)和茶提取物可以抑制实验动物不同器官中的致癌过程。茶叶的功能成分能够较好地抑制许多器官部位的肿瘤的形成和发展。茶叶预防癌症的功能作用,与茶多酚类等物质密切相关,作用机理可能与强抗氧化活性、抑制关键酶的活性和信号传导途径、促进肿瘤细胞的凋亡、抑制肿瘤细胞的增殖感染、血管生成及转移等有关。关键在于坚持科学饮茶、合理摄入茶叶中的健康功能成分。

4. 降血糖、降血压

我国传统医学的处方中就有以茶叶为主要原料用以治疗糖尿病的。茶叶中的儿茶素和二苯胺以及多糖类化合物都具有明显的降血糖效果。多酚类物质能够增加胰岛素的敏感性,减轻炎症和致癌物。胰岛素敏感性越高,单位胰岛素的效果越好,越能够分解糖类,控制血糖。因此,喝茶有利于降血糖,预防糖尿病。

茶氨酸能够控制血压。咖啡碱和儿茶素类能使血管壁松弛,增加血管有效直径,由于血管舒张而使血压下降。

5. 消炎、杀菌、抗病毒

唐宋年间,我国医书上就有许多茶叶可以杀菌、止痢的记载。儿茶素类对有害细菌(金色葡萄球菌、霍乱弧菌、黄色弧菌、副溶血弧菌、大肠杆菌、肉毒杆菌等)具有杀菌和制菌作用。一方面,茶可改善肠道细菌结构,促进有益细菌的生长;另一方面,对许多肠道有害细菌具有杀菌和生长抑制作用。因此,许多国家都用饮茶预防和治疗肠道疾病。

除了真菌、细菌外,茶叶中的有效成分对病毒的抑制效果更加引起人们的广泛兴趣。茶叶提取物对乙肝病毒(HBV)表现出了良好的抑制作用。茶黄素衍生物可以作为候选杀微生物剂,预防人类免疫缺陷病毒(HIV)传播,茶对人类免疫缺陷病毒具有抑制作用。目前市场上已有比较成功的以茶叶提取物为主剂的抗病毒药物。例如,绿茶儿茶素对尖锐湿疣具有较好的疗效。

此外,茶叶中的黄烷醇类化合物能促进肾上腺体的活动,而肾上腺素的增加可以降低毛细血管的透性,减少血液渗出,同时对发炎因子组胺具有良好的拮抗作用,有激素型的消炎作用。

6. 固齿防龋

饮茶具有防龋固齿作用,主要与茶中所含氟、茶多酚等成分有关。中国的乌龙茶和绿茶含氟量最高,且防蛀牙效果也最好。如果成人每天饮茶10克,人体就能满足氟的需要,也可以有效地防止龋齿的发生。日本为了宣传茶叶中含氟可防龋健齿的作用,在全国儿童中推行"每天喝一杯茶"的活动。

经常饮茶,增加了口腔的水液流动量,保持了口腔卫生;茶叶中的糖、果胶等成分与唾液发生化学反应滋润了口腔的同时,还增强了口腔的自洁能力。

7. 益思美容

茶的提神益思功能,主要由三个因素起作用:其一是茶碱、咖啡碱可使中枢神经兴奋并提高肌肉收缩力，有增进新陈代谢作用；其二是茶氨酸能提高人的学习能力，增强记忆力，茶汤中的铁盐在血液循环中也起着良好作用；其三是芳香物质可醒脑提神，使人精神愉快，消除人体疲劳，提高工作效率。

茶能清洗人体内的新陈代谢物，使皮肤更加有光泽和弹性；维生素C及维生素E可抗氧化、抗衰老；茶可美白嫩肤，绿茶能深层清洁肌肤污垢和油脂，具有软化角质层、使肌肤细嫩美白的功效。茶末中所含的单宁酸成分还可增加肌肤弹性，有助于润肤养颜。茶末还具有杀菌作用，对粉刺、化脓也很有疗效。而且茶浴能从里到外温和身体，患有虚寒体质者尤为适用。

茶叶还具有消脂作用，古代人把茶叶作为消食饮料。饮茶帮助消化的药理作用，主要是促进人体脂肪的代谢和提高胃液及其他消化液的分泌量，增进食物的消化吸收，从而增加脂肪的分解，起到减肥的作用。

8. 抗辐射

茶多酚吸收放射性物质并阻止其在体内扩散，还参与体内的氧化还原反应，修复生理机能。儿茶素能吸收放射物质锶-90，甚至锶-90深入到动物骨髓中，服用儿茶素也可得到逐步消除。

此外，茶叶中含有丰富的维生素A，还能使眼睛在暗光下看东西更清楚，可预防夜盲症与眼干燥症，减少电脑辐射对人体的影响。

1. 茶叶中的主要保健成分有哪些？
2. 茶多酚有哪些保健功效？
3. 茶的保健功能有哪些？

任务2　科学饮茶

学习目标

1. 了解茶性及相应茶性适宜人群。
2. 掌握如何因时因人饮茶。
3. 知晓饮茶的禁忌。
4. 了解现代茶养生食品。

任务描述

具体饮茶方法众说不一：有的说不喝隔夜茶；有的说不喝头道茶；有的说不喝凉茶；还有浓茶、淡茶之分；还有沏茶水温的讲究。本次学习，需要你了解茶性和人体体质，知晓饮茶禁忌，了解与茶养生相关的食品，进而在茶事服务中，为不同体质的客人推荐不同的茶品，发挥茶的保健功效。

任务分析

中医体质学将人分为9种基本类型，包括平和质、气虚质、阳虚质、阴虚质、痰湿质、湿热质、血瘀质、气郁质、特禀质。有的人是单一体质，但大多数人是复合体质，这就要看以哪种体质为主，不同体质适宜不同的养生方法。分析自己和家人的体质，了解茶性的差异，从而做到个性化饮茶、荐茶。科学健康饮茶要求重点掌握饮茶禁忌、不同茶的茶性；学习难点是根据季节、客人的体质、工作性质、喜好、身体素质等，推荐合适的茶品。

任务准备

课前了解中医体质学中人的体质特征，看看自己属于哪种体质。课上，选择合适的茶饮。

学习脉络：了解茶性—因时饮茶—因人饮茶—饮茶禁忌—现代茶养生食品。

一、了解茶性

茶性是指茶叶表现出的性味及其特性。包含有凉(寒)性、中性和温性。茶叶经过不同的制作工艺有茶性之分，发酵程度决定了茶叶性味的不同。

茶本性寒，陆羽《茶经》中言“茶之为用，味至寒，为饮最”。因为茶之寒凉，能提神，使人平和、理性、舒缓。可是人的体质不同，有些人不适饮寒性茶，比如部分女士茶友。因此，选茶、喝对茶，就要先了解茶性及适宜人群，见表2-2-1。

表2-2-1 茶性与人体适应表

茶类	茶性	适宜人群
绿茶	偏寒	体质偏热、胃火盛、精力充沛者饮用绿茶有很好的清火、醒脑、提神之功。绿茶有很好的防辐射效果，对电脑前工作者有大益
黄茶	偏寒	适宜人群和功效与绿茶相同或很接近，最大区别是口感，黄茶更醇厚
白茶	由寒转凉及至平和	新茶属性与功效大多接近绿茶，但最明显不同的是，绿茶陈放为草，而白茶陈放为宝。及至老白茶，茶性反而更加平和，适应更多人
青茶	总体由寒向平温转变	发酵轻的很接近绿茶，如清香型铁观音，寒性就较大，发酵重的与红茶接近，适应人群更广
红茶	转温	胃寒、体弱、年龄偏大者都适用，四肢酸懒、手足发凉者饮之更佳，可加奶蜂蜜等调饮，口味更好
黑茶	转温	去油腻、解肉毒、降血脂等，保存得好，年份长后口感与疗效更好

二、因时饮茶

一般而言，四季饮茶各有不同。春饮花茶，夏饮绿茶，秋饮青茶(乌龙茶)，冬饮红茶。春暖花开，饮花茶可以帮助散发冬天里积存在人体的寒气，其浓郁的香气，还能有助于人体阳气的生发。炎炎夏日，多饮绿茶、白茶或生普，可解暑降燥、清凉心神。秋天讲究平和，青茶不寒不热，有助于解秋燥，生津平气。寒冷的冬季，红润怡人的红茶、甘醇滑糯的熟普，以及醇厚甘甜的老白茶，恰能驱散湿寒，暖身又暖心。

清晨空腹时不宜饮浓茶。上午喝红茶较好。因为红茶可促进血液循环，还有助于祛除寒气，让大脑的供血充足。午餐小憩后，一杯青茶，即可帮助调节情绪、恢复体力。或喝绿茶、白茶，可以帮助缓解肝火、清肝胆热。而到午后3、4点时，来一杯乌龙茶，配上几块可口点心，能缓解工作疲惫、补充体力、提升效率。晚上喝茶，要喝淡一点，喝发酵程度高一些的

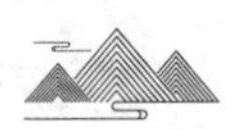

茶。比如全发酵的熟普，对人体肠胃的刺激性低一些，对睡眠影响小，还可以帮助消化。

还要看身体状态的即时变化。当身体状态良好时，自然更容易享受到喝好茶带来的喉吻润、破孤闷、发轻汗、肌骨清、两腋习习清风生的感受。当健康状态不佳时，对于喝茶时间以及喝什么茶，要有一定的考虑。

三、因人饮茶

不同人的体质、生理状况和生活习惯都有差别，饮茶后的感受和生理反应也相去甚远。有的人喝绿茶睡不着觉，有的人不喝茶睡不着觉，有的人喝乌龙茶胃受不了。选择茶叶必须因人而异。

(1) 体质

- 绿茶性味甘、苦，微寒，清热，解毒，利尿，适合内热体质的人。
- 红茶、黑茶性味甘、温，散寒，温阳，暖胃，适合虚寒体质的人。
- 青茶、白茶、黄茶性味甘、苦，清热，生津，适合平性体质的人。
- 体质发胖或患有心血管病的人建议喝绿茶。

(2) 女性不同阶段

- 少妇经期前后，性情烦躁，饮用花茶可疏解郁、理气调经。
- 更年期的女性，以喝花茶为宜。
- 孕期适当饮用少量绿茶有好处，因绿茶中含有较多的微量元素锌。

(3) 职业

- 脑力劳动者应喝点绿茶，以助神思。
- 体力劳动者、军人、地质勘探者、经常接触放射线和有毒物质的人员，应喝些浓绿茶。

(4) 不同年龄阶段

- 健康的成年人，红茶、绿茶均可饮用。
- 老年人则宜喝红茶，也可饮绿茶或花茶，但不宜太浓。
- 妇女、儿童一般建议喝淡绿茶，儿童晨起还可以茶漱口。

(5) 身体不适

- 睡眠不好的人，平时宜饮淡茶，但注意睡前不能饮茶。
- 心率过缓或房室传导阻滞的冠心病者，可多喝点红茶、绿茶以提高心率。

四、饮茶禁忌

不同的人和不同的时期喝茶有不同的要求，也有禁忌和注意事项。

(1) 发烧不能喝茶　咖啡碱不但能够使得体温升高，而且还会降低药物的药效。

(2) 肝脏病人忌饮浓茶　咖啡碱等物质绝大部分都要经过肝脏代谢，饮茶过多会加重肝脏的代谢压力，再加上治疗肝脏疾病而吃的药物，会大大损害肝脏组织。

(3) 神经衰弱慎重喝茶　咖啡碱有兴奋神经中枢的作用。患有神经衰弱的病人喝浓茶，特别是在下午以及晚上喝茶，会引起失眠，加重神经衰弱的病情。

(4) 冠心病患者谨慎喝茶　因茶中咖啡碱、茶碱都是兴奋剂，能增强心脏机能，大量喝浓茶会使心跳加快，导致其发病或加重病情，因此心率过快、早搏或心房纤颤的冠心病人适宜饮淡茶。

(5) 怀孕早期不能喝茶　咖啡碱和茶多酚等物质对于胎儿的健康成长是不利的，尤其是影响到胎儿的智力发育。

(6) 哺乳期妇女慎喝浓茶　在哺乳期喝浓茶，过多的咖啡碱通过乳汁进入婴儿体内，导致婴儿失眠、少眠或者啼哭。

(7) 营养不良者不能喝茶　茶叶具有分解脂肪和减肥的功能，营养不良的患者喝茶会减少脂肪的摄入，加重营养不良的症状。

(8) 溃疡病患者慎重喝茶　刺激胃分泌胃酸，喝茶越多胃酸分泌越多，会增加对溃疡面的刺激。经常喝浓茶还会促使溃疡病患者的病情恶化。

(9) 醉酒之后慎重喝茶　咖啡碱和茶多酚有兴奋神经中枢的作用，附加上酒精的作用会加重心脏负担。还会使得酒精中有毒物质未曾分解就从肾脏排出，进而加大对肾脏的刺激，危害肾脏的健康。

(10) 不能用茶水服药　茶碱等物质可以和某些药物中的成分化学反应，降低药效，甚至反应之后产生有毒物质。

(11) 尿结石患者忌饮茶　尿路结石通常是草酸钙结石。由于茶含有草酸，会随尿液排泄的钙质而形成结石，尿结石患者再大量饮茶，会加重病情。

(12) 忌空腹饮茶　空腹饮茶会冲淡胃酸，还会抑制胃液分泌，妨碍消化，甚至会引起心悸、头痛、胃部不适、眼花、心烦等"茶醉"现象，并影响对蛋白质的吸收，还会引起胃黏膜炎。

根据给定的情景，分小组完成情景任务。

情景时间：初冬，上午十点半。

情景地点：老舍茶馆。

情景人物：李女士(顾客)、你(老舍茶馆茶艺师)。

顾客特点：李女士看上去比较内向，今天天气稍微冷了一些。李女士天一冷就手冷脚冷，容易感冒，大早上也看起来比较疲惫。

情景任务：根据客人特点，判断客人体质，并给她推荐合适的茶饮。

模块一 入门基础篇

项目三　识茶认茶

茶艺初学者经常会碰到这些问题，绿茶、红茶是根据不同颜色分的吗？还是说，红茶只能用红茶树的叶子制作，绿茶只能用绿茶树的叶子制作，乌龙茶只能用乌龙茶树的叶子制作？为什么“black tea”翻译过来是红茶而不是黑茶？黑茶是什么茶？安吉白茶是白茶吗？所有的茶都是以单芽为原料的品质最好吗？

带着以上问题学习本项目，我们一定能找到答案。

党的二十大提出：加快构建中国话语和中国叙事体系，讲好中国故事、传播好中国声音，推动中华文化更好走向世界。用一茶一物讲好中国故事，让传统之花永开不败，我们的文化自信必将挺立不倒，更加坚定有力。

任务1　茶叶的分类与鉴别

学习目标

1. 掌握茶叶的分类。
2. 了解茶叶的储存方法。
3. 熟悉茶叶的品评方法。

任务描述

常见的基本茶类如绿茶、白茶、黄茶、乌龙茶、黑茶、红茶等，还有品种众多的再加工茶，不同类型的茶储存要求各异。从干看外形和湿看内质两方面鉴别茶叶品质，区分茶叶品质高低，了解茶叶品质品评方法。

任务分析

在日常生活中，爱茶人选择茶叶和储存茶叶，就要对茶叶有基本的了解。在不同的标准下，茶叶会有不同的分类，茶叶分类是了解认识茶叶的基础。知道了茶叶的分类，更容易掌握茶叶品评方法和储存方法。

任务准备

名称	数量	已取	已还	名称	数量	已取	已还
绿茶	5 g			茉莉花茶	5 g		
白茶	5 g			金丝皇菊	5 朵		
黄茶	5 g			特级庐山云雾茶	5 g		
青茶	5 g			一级庐山云雾茶	5 g		

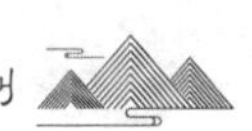

续　表

名称	数量	已取	已还	名称	数量	已取	已还
红茶	5 g			二级庐山云雾茶	5 g		
黑茶	5 g			茶叶鉴别器具	1套		

任务实施

本任务的学习流程：学习茶叶分类及储存方法—各类茶的认知—理论学习茶叶的品评方法—鉴别特级、一级、二级庐山云雾茶。

一、茶叶的分类和命名

我国产茶历史悠久，茶叶品种繁多。茶叶分类和命名的方法有很多，一般依据茶叶形状、色香味、茶树品种、产地、采摘时期、制茶技术及销路等不同分类和命名。

按茶叶形状命名，如珍眉、瓜片、紫笋、雀舌、松针、毛峰、毛尖、银峰、银针、牡丹等都是形容外形的；按茶叶色香味命名，如敬亭绿雪、白牡丹、白毫银针形容干茶色泽，温州黄汤形容汤色，云南十里香指香气；按采摘时期和季节命名，如春尖、春蕊、秋香、冬片、春茶、夏茶、秋茶等，此外，有些地方还将茶叶分为明前茶、雨前茶、六月白、白露茶、霜降茶等；按茶树生长环境，可分为高山茶和平地茶。

按发酵程度，可将茶分为不发酵茶、半发酵茶、全发酵茶三个基本种类，绿茶属于不发酵茶，红茶属于全发酵茶，其他茶类发酵程度介于其间；按茶树品种不同命名，如肉桂、水仙、铁观音、毛蟹、大红袍、黄金桂等；按销量不同命名，如内销茶、外销茶、侨销茶、边销茶等；茶目前较为普遍的是按照加工工艺分为两大类，即基本茶类和再加工茶类。基本茶类可分为绿茶、黄茶、白茶、青茶（乌龙）、红茶、黑茶六类，如图3－1－1所示。

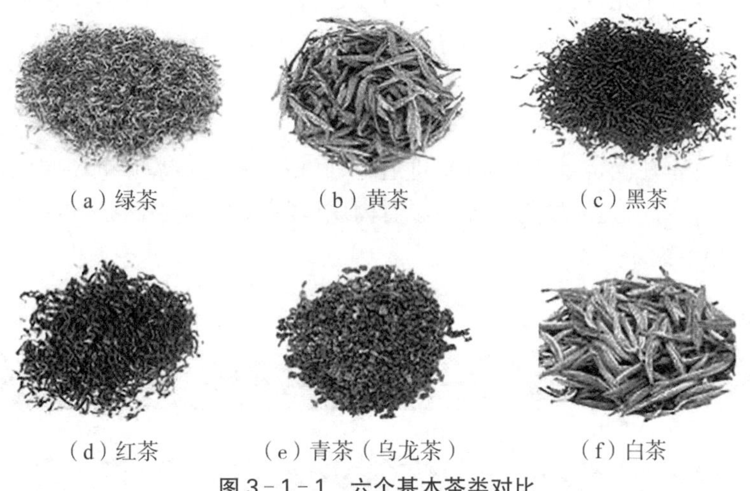

图3－1－1　六个基本茶类对比

二、茶叶的贮藏与保管

1. 影响茶叶变质的因素

茶叶吸附性极强，不耐氧化。收藏不当，很容易发生不良变化，如变质、变味、陈化等。造成茶叶变质、变味、陈化的主要因素有温度、水分、氧气和光线，这些因素个别或互相作用而影响茶叶的品质。

（1）温度　温度越高，茶叶品质变化越快。温度平均每升高10℃，茶叶的色泽褐变速度将提高3～5倍。如果把茶叶贮存在0℃以下的地方，就能抑制茶叶陈化和品质损失。

（2）水分　茶叶中的水分含量在3%左右时，茶叶成分与水分子呈单层分子关系，可以较有效地把脂质与空气中的氧分子隔离开来，阻止脂质的氧化变质。当茶叶中的水分含量超过5%时，水分就会转变成溶剂，引起激烈的化学变化，加速茶叶的变质。

（3）氧气　茶中多酚类化合物的氧化、维生素C的氧化，以及茶黄素、茶红素等的氧化聚合都和氧气有关。这些氧化作用会产生陈味物质，严重破坏茶叶的品质。

（4）光线　光照会加速茶叶中各种物质的化学反应，对贮存产生极为不利的影响，植物色素或脂质的氧化素，易受光的照射而褪色。

2. 茶叶的贮藏与保管

（1）茶叶贮存的环境条件　由于茶叶易变质、变味、陈化，贮藏时必须采取科学的方法。茶叶贮存的环境条件有低温、干燥、无氧气、不透明（避光）、无异味。

（2）茶叶的保存　茶叶保存的总原则是：

① 让茶叶充分干燥，不能与带有异味的物品接触，避免暴露与空气接触和受光线照射；

② 不要让茶叶受挤压、撞击，以保持茶叶的原形、本色和真味。

家庭所用茶叶最好分小袋包装，以减少打开包装的次数，然后再放入茶叶罐。家用茶叶罐宜小不宜大。一只茶叶罐中只装一种茶叶，不可多种茶叶装入一个茶叶罐中。

贮藏茶叶要注意茶叶罐的质地，不能用塑料或其他化学合成材料制品；选用锡制品贮藏较好，其密封性能相当突出，有利于茶叶防潮、防光、防氧化、防异味。

茶叶罐切勿放在阳光直接照射的地方，应放在密封的黑暗干柜中，或密封好放入冰箱的冷藏柜里。不可将茶叶和香烟、香皂和樟脑丸等放置于同一个柜内。

三、茶叶品评方法

通过茶叶感官审评确定茶叶的品质、价值，从而划分等级。茶叶审评鉴别项目大致可分为干看外形（形状、色泽、整碎度与净度）、湿看内质（汤色、香气、滋味及叶底）等，各项审评标准因茶类不同而异，见表3-1-1。

表3-1-1　不同茶类感官评分（百分制）

茶别	外形	汤色	香气	滋味	叶底
小种红茶	30	10	25	25	10
眉茶、珠茶	35	10	20	20	15

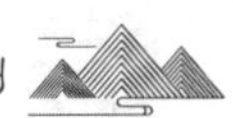

续　表

茶别	外形	汤色	香气	滋味	叶底
花茶	30	5	40	20	5
烘青茶胚	40	10	20	20	10
乌龙茶	15	10	35	30	10
普洱茶	20	10	30	30	10
白茶	20	10	30	30	10
黄茶	30	10	20	30	10
紧压茶	30	10	20	25	15

(一) 形状

我国茶叶的外形千姿百态，有条形(长条形、卷曲形、针形)、扁形(剑片形)、颗粒形(圆形、螺钉形、腰圆形)、片形、粉末形、花朵形、束形、雀舌形、团块等，如图 3-1-2～图 3-1-5 所示。形状是区别茶叶品类等级的依据。干评鉴别品质好坏的一般条件是老嫩、粗细、轻重、松紧、整齐等。

图 3-1-2　卷曲形茶叶

图 3-1-3　环形茶叶

图 3-1-4　扁形茶叶

图 3-1-5　针形茶叶

1. 嫩度

嫩度是决定茶叶品质的基本条件，是外形鉴别的重点。鉴评茶叶嫩度因茶而异，在普遍性中注意特殊性，详细分析茶类各级标准样的嫩度，并探讨该鉴评的具体内容与方法。嫩度主要看芽头嫩叶比例与叶质老嫩、有无锋苗和毫，以及条索的光糙度。

(1) 芽头嫩叶比例和叶质老嫩　芽头精制称为芽尖，嫩度好指芽头嫩叶比例大、含量多。鲜叶根据芽下分叶片多少，依次称为单芽、一芽一叶、一芽二叶、一芽三叶等，嫩度越高等级越高，如图 3－1－6 所示。要从整盘茶去比，不能单个比，因为同是芽与嫩叶，还有长短、大小、厚薄之别。凡是芽和嫩叶比例相近、芽壮身骨重、叶质厚实的品质就好。所以采摘时要老嫩匀齐，制成毛茶时外形才整齐。而老嫩不匀的芽叶初制时难以掌握，且老叶身骨轻，外形不匀整，品质就差。

图 3－1－6　茶叶等级

(2) 锋苗和毫　锋苗指芽叶紧卷成条的锐度。条索紧结、芽头完整、锋利并显露，表示嫩度好、制工好。嫩度差的，制工虽好，条索完整，但锋苗不锐，品质就次。如茶条断头缺锋苗，则差。芽上有茸毛又称毫毛，以毫多、长而粗的好。一般炒青绿茶看锋苗(或芽苗)，烘青、条形红茶看芽毫(或芽头)。因炒青绿茶在炒制中茸毛大多脱落，不易见毫，而烘制的茶叶茸毛多，且保留多，芽毫显而易见。但有些采摘细嫩的名茶，虽经炒制，因手势轻芽毫仍显露。

(3) 光糙度　嫩叶细胞组织柔软且果胶质多，容易揉成条，条索光滑丰润。而老叶质地硬，条索不易揉紧，条索表面凸凹起皱。干茶外形较粗糙，如扁形茶以扁平、挺直、尖削、光滑的好，粗糙、短钝和带浑条的差。从规格来看，龙井茶形扁平、挺直、尖削碗钉状；大方茶形扁直、稍厚、较宽长且有较多棱角。从糙滑度来看，扁形表面平整光滑，茶在盘中筛转流利而不钩结的称光滑，反之则糙。

2. 粗细(大小)

一般来说，细的比粗的好，小的比大的好。如青茶(包括花茶)、绿茶(眉茶)、红茶要求颗粒细小、紧结、重实；球状茶越圆越细越好；碎型红茶，细小粒子属佳品；龙井茶以叶片扁尖幼

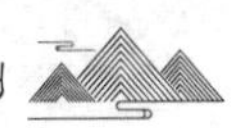

小为上。但福建色种茶、武夷岩茶和安溪铁观音、贡熙等,茶形状稍可粗大(就本身茶条卷曲、紧结程度上来评价);特级乌龙茶和白毛猴银针(白茶),重茶芽;白牡丹、寿眉等茶由老嫩与芽头多少来决定其品质优劣。

3. 条索

看条索的茶有炒青、烘青、条茶、工夫红毛茶。条形茶的条索要看松紧、弯直、圆扁、壮瘦、轻重,以紧直、浑圆、壮实、沉重的为好,以粗松、弯曲、瘦扁、轻飘的为差。

(1) 松紧　条细空隙度小,体积小,为条紧;条粗空隙大,体积粗大,为条松。

(2) 弯直　筛转茶样盘,看茶叶平伏程度,不翘的叫直,反之则弯。

(3) 圆扁　长度比宽度大若干倍的条形,其横切面近圆形的称为圆,否则为扁。

(4) 壮瘦　芽头肥壮、叶肉肥厚的鲜叶有效成分含量多,制成的茶叶条索紧结壮实、身骨重。

(5) 轻重　指身骨的轻重。嫩度好的茶,叶肉肥厚,条索紧结而沉重;嫩度差的,叶张薄,条粗松而轻飘。

炒青、烘青、条形红毛茶紧直、有锋苗的为好;松扁曲碎的为差。青茶紧卷结实、略带扭曲的为好;敞叶的为差。龙井、旗枪、大方茶平扁、光滑、尖削、挺直、匀齐的为好;粗糙、短钝、浑条的为差。珠茶圆结的为好;呈条索的为差。黑毛茶皱褶较紧,无敞叶。

(二) 色泽

干茶的色泽主要从色度和光泽度两方面看。

1. 色度

就某种茶的颜色而言,如绿茶的色泽,有深绿、浅绿、淡绿、翠绿、黄绿、乌绿、灰绿等。首先看色泽是否符合该茶类应有的色泽,正常的干茶,原料嫩的高级茶颜色深,随着级别下降颜色渐浅;芽茶则相反。

(1) 正常色　是否符合该茶类应有的色泽。

(2) 劣变色　不正常的变质茶叶的色泽。

2. 光泽度

光泽度可从润枯、鲜暗、匀杂等方面评比。

(1) 润枯　润表示茶色一致,茶条似带油光,色面反光强,油润光滑,一般可反映鲜叶嫩而新鲜,加工及时合理,是品质好的标志。枯是有色而无光泽或光泽差,表示鲜叶老或制工不当,茶叶品质差。劣变茶或陈茶色泽枯而暗。

(2) 鲜暗　鲜为色泽鲜艳、鲜活,给人以新鲜感,表示鲜叶嫩而新鲜、初制及时合理,是新茶所具有的色泽。暗表现为茶色深又无光泽,叶粗老,储运不当,初制不当,茶叶陈化。紫芽种鲜叶制成的绿茶,色泽带黑发暗;过度深绿的鲜叶制成的红茶,色泽常呈现青暗或乌暗。

(3) 匀杂　匀表示颜色调和一致,给人以正常感。杂表示色不一致,参差不齐,如图 3-1-7、图 3-1-8 所示。茶中多黄片、青条、筋梗、焦片末等谓之杂。

各类茶叶均有一定的色泽要求,如小叶工夫红茶以乌黑油润为好,大叶工夫红茶以乌褐油润为好,黑褐、红褐次之,棕红更次;绿茶以翠绿、深绿光润为好,绿中带黄或黄绿不匀者较次,枯黄花杂者差;青茶则以青绿光润呈宝色的较好,黄绿欠匀者次之,枯暗死红者差;黑毛茶以油黑色为好,黄绿色或铁板色都差。综合分析,以茶色符合规格、有光泽、润带油光为好。

图3-1-7　匀

图3-1-8　杂

一般来说,高山茶色绿带黄,光泽好,鲜活;低山、平地茶色深绿。绿茶要注意干燥时的火候掌握,火温过高,色枯黄;温度低(或不及时),色灰黄、暗。

(三)整碎和净度

1. 整碎

整碎指外形的匀整程度。毛茶以保持茶叶的自然形态完整的为好,断碎的为差。精茶的整碎主要评比茶的拼配比例是否恰当,要求筛档匀称,不脱档,面张茶平伏,下盘茶含量不超标,上、中、下三段茶互相衔接。

2. 净度

净度指茶叶中含夹杂物的程度。不含夹杂物的净度好,反之则净度差,如图3-1-9、图3-1-10所示。

图3-1-9　净度差

图3-1-10　净度好

(1) 茶类夹杂物　又称为副茶,指粗茶、轻片、茶梗、茶籽、茶朴、茶末、毛发等。

(2) 非茶类夹杂物　分为无意物和有意物两类。无意物指采、制、存、运中混入的杂物,如泥沙、石子、杂草、树叶、谷粒、煤屑、棕毛、竹片、铁丝、钉子等。有意物指人为有目的性地添加的夹杂物,如茶叶固形用的粉浆物、胶质物、滑石粉等。

除花茶的花箔外,严禁含有任何夹杂物。

(四)汤色

汤色指茶叶冲泡后溶解在热水中的水浸出物呈现的色泽,如图3-1-11所示。汤色审

评要快，因为溶于热水中的多酚类物质与空气接触后易氧化变色，使绿茶汤色变黄变深，青茶汤色变红，红茶汤色变暗。尤其高档绿茶变化更快，故绿茶宜先看汤色。其他茶类在嗅香前也宜先看一遍汤色，做到心中有数。

(a) 绿茶　(b) 白茶　(c) 黄茶　(d) 青茶　(e) 红茶　(f) 黑茶

图3-1-11 六个基本茶类汤色对比

汤色鉴评主要从色度、亮度和清浊度等方面评比。

1. 色度

色度指茶汤颜色。茶汤色度除与茶树品种和鲜叶老嫩有关外，主要是发酵程度不同，从而使各类茶具有不同颜色。评比时，主要从正常色、劣变色和陈变色三方面去看。

2. 亮度(明度)

茶汤能一眼见底的为明亮。绿茶看碗底反光强就明亮；红茶还可看汤面沿碗边的金黄色的圈(称金圈)的颜色和厚度。光圈的颜色正常，鲜明而厚的亮度好；光圈颜色不正且暗而窄的，亮度差，品质亦差。

3. 清浊度

清指汤色纯净透明，无混杂，一眼见底，清澈透明。浊指汤不清且混浊，视线不易透过汤层，难见碗底，汤中有沉淀物或细小浮悬物。造成混浊的原因如下：

① 茶叶制作不良，如炒焦的茶的茶汤混而不清。

② 冷后混，或称乳凝现象。

③ 劣变或陈变产生的酸、馊、霉、陈的茶汤，混浊不清。

还应区别两种情况：一是咖啡碱和多酚类的络合物溶于热水，而不溶于冷水，冷却后析出；二是细嫩多毫茶的茶汤易混浊，是由于茶汤中茸毛多，悬浮于汤层中。

(五) 香气

嗅香气是指嗅闻冲泡后茶叶散发的香味状况。茶叶的香气受茶树品种、产地、季节、采制方法等因素影响，使得各类茶具有独特的香气风格。最适合闻茶香的叶底温度是45～55℃，超过60℃就感到烫鼻；低于30℃时就觉得低沉，甚至对有烟气等异味难以鉴别。

每个嗅香程为2～3秒，不宜超过5秒或小于1秒。

1. 茶类香

绿茶要清香，黄大茶要有锅巴香，传统小种红茶要松烟香，青茶要带花香或果香，白茶要有毫香，红茶要有甜香，普洱茶要有陈香等。除茶类香外，还要注意区别以下方面：

(1) 产地香/地域香　产地香即高山、低山、洲地之别，一般高山茶香高于低山。高山茶在制工良好的情况下带有花香。地域香指产茶区的地域特点。如同是炒青绿茶，有嫩香、兰花香、熟板栗香等；同是红茶，有蜜糖香、橘糖香、果香和玫瑰花香等。

(2) 季节香　即不同季节香气之区别,我国红绿茶一般是春茶香高于夏秋茶,秋茶香气又比夏茶好,大叶种红茶香气夏秋茶又比春茶好。在同一茶类相同季节里,随着生长期不同,香气也有差异,早期采制的茶香气高于晚期采制的茶。

(3) 品种香　因茶树品种资源遗传差异引起,要熟悉和掌握本地区茶的品质特征才能区别,如铁观音、本山、黄旦(黄金桂)等。

(4) 附加香　茶叶不仅具有其本身的香气,还引入了其他的香气,如薰花茶、拌花茶、果味茶、香料茶等。

2. 纯异

纯指茶应有的香气;异指茶香中夹杂其他气味。茶香不纯或沾染外来气味,轻的尚能嗅到茶香,重则以异气为主。香气不纯如烟焦、酸馊、霉陈、日晒、水闷、青草气等,还有鱼腥气、药气、木气、油气等。

3. 高低

香气高低可从六个字来区别,即:

(1) 浓　香气高,入鼻充沛有活力,刺激性强。

(2) 鲜　犹如呼吸新鲜空气,有醒神爽快之感。

(3) 清　清爽新鲜之感,其刺激性不强,有感受快慢之分。

(4) 纯　香气一般,无异杂气味。

(5) 平　香气平淡但无异杂气味。

(6) 粗　感觉糙鼻或辛涩。

4. 长短

长短指香气的持久性。香气纯正以持久为好,从开始到茶冷都能嗅到,表明香气长,返之则短。另外,香气随着温度的变化又分为表面香和骨子香。热汤嗅香气明显的称为表面香;香气纯正,冷闻都能嗅出香气的称为骨子香。有骨子香的茶多半是高山茶或干燥好的茶。香气以高而长、鲜爽馥郁的好;高而短次之,低而粗又次之;凡有烟、焦、酸、馊、霉及其他异气的为低劣。

(六) 滋味

茶叶是饮料,其饮用价值取决于滋味的好坏。审评滋味先要区别是否正常,正常的滋味可区别其浓淡、强弱、鲜爽、醇和。不纯的滋味可区别其苦、涩、粗、异。

最适合评茶要求的茶汤温度是 45～55℃。如高于 70℃就感到烫嘴,低于 40℃就显得迟钝,感到涩味加重、浓度提高。

茶汤送入口内,在舌的中部回旋 2 次即可,较合适的时间是 3～4 秒,一般需尝味 2～3 次。

1. 滋味的类型

(1) 浓烈型　尝味时,开始有类似苦涩感,稍后味浓而不苦,富有收敛性而不涩,回味长而爽口有甜感。似吃新鲜橄榄,一般用于描述绿茶的滋味。

该味型原料采用嫩度较好的一芽二三叶,芽肥壮,叶肥厚,内含的滋味物质丰富,或采用良种鲜叶,制法合理。这类味型的绿茶还具有清香或熟板栗香,叶底较嫩、肥厚,外形较壮。属此味型的绿茶如屯绿、婺绿等。

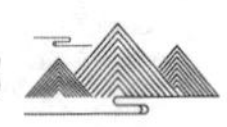

(2) 浓强型　当茶汤吮入口中时，感觉味浓，黏滞舌头，其后有较强的刺激性。此味型是优质红碎茶的典型滋味。

(3) 浓醇型　鲜叶嫩度较好，制作得法，茶汤入口感到内含物丰富，刺激性和收敛性较强，回味甜或甘爽。属此味型的茶有优质工夫红茶、毛尖、毛峰及部分青茶等。

(4) 浓厚型　茶汤入口时感到内含物丰富，并有较强的刺激性和收敛性，回味甘爽。属此味型的茶有舒绿、遂绿、石亭绿、凌云白毫、滇红、武夷岩茶等。浓爽也属此味型。

(5) 醇厚型　鲜叶质地好，较嫩，制工正常的绿茶、红茶、青茶均有此味型，如火青、毛尖、庐山云雾、水仙、乌龙、包种、铁观音、川红、祁红及部分闽红等。

(6) 鲜醇型　鲜叶较嫩，新鲜，制造及时，采绿茶、红茶或白茶制法，味鲜而醇，回味鲜爽。属此味型的茶有太平猴魁、高级烘青、大白茶、小白茶、高级祁红、宜红等。

(7) 鲜浓型　味鲜而浓，回味爽快。属此味型的茶有黄山毛峰、茗眉等。

(8) 清鲜型　有清香味及鲜爽感。属此味型的茶有蒙顶甘露、碧螺春、雨花茶、都匀毛尖及各种银针茶。

(9) 甜醇型　鲜叶嫩而新鲜，制作讲究合理，味感甜醇。属此味型的茶有安化松针、恩施玉露、白茶及小叶种工夫红茶。醇甜、甜和、甜爽都属此味型。

(10) 鲜淡型　茶汤入口鲜嫩舒服，味较淡。属此味型的茶有君山银针、蒙顶黄芽等。

(11) 醇爽型　滋味不浓不淡、不苦不涩，回味爽口者属此味型，如黄茶类的黄芽茶、一般中上级工夫红茶等。

(12) 醇和型　滋味不苦涩而有厚感，回味平和较弱，刺激性不强，如黑茶类的湘尖、六堡茶及中级工夫红茶等。

(13) 平和型　鲜叶较老，整个芽叶约一半以上已老化，制工正常。属此味型的茶很多，有红茶类、绿茶类、青茶类、黄茶类的中下档茶及黑茶类的中档茶。该味型的茶除具有平和、有甜感及不苦不涩的滋味外，还具有其他品质特点，如红茶伴有红汤、香低、叶底花红；绿茶伴有黄绿色或橙黄色，叶底色黄绿稍花杂；青茶有橙黄或橙红汤色，叶底色花杂；黄茶伴有深黄汤色，叶底色较黄暗；黑茶伴有松烟香等。

2. 纯正

纯正指品质正常的茶应有的滋味，如炒青绿茶要求浓烈、鲜爽、回甘；红碎茶滋味以浓强鲜爽、收敛性刺激性强为好。

3. 不纯正

不纯正表示滋味不正（调和性差）或变质有异味。不纯主要区别其苦、涩、粗、异。

(1) 苦味　茶汤滋味的特点。对苦味不能一概而论：①茶汤入口先微苦后回味甘（甜），或饮茶入口，遍喉爽快，口中留有余甘，这是好茶。②先微苦后不苦也不甜者次之。③先微苦后也苦又次之。④先苦后更苦者最差。后两种味觉反应属不正之苦味。

(2) 涩　似食生柿，有麻嘴、厚唇、紧舌之感。先有涩感后不涩的属于茶汤味的特点，不属于味涩，吐出茶汤仍有涩感才属涩味。涩味轻重可从刺激的部位和范围大小来区别：涩味轻的在舌面两侧有感觉，重一点的整个舌面和两腮有紧口、麻木感。一般茶汤的涩味，最重的也只在口腔和舌面有反应。涩味一方面表示品质老杂，另一方面是季节茶的标志。

(3) 粗　老茶汤味在舌面感觉粗糙。

(4) 异　属不正常滋味,如酸、馊、霉、焦味等。

(七) 叶底

叶底指茶叶经冲泡后留下的茶渣。叶底虽然没有饮用价值,但干茶经冲泡吸水膨胀,恢复芽叶原状,可直接反映出叶质老嫩、色泽、匀度及鲜叶加工合理与否,有利于分辨新、陈茶,季节茶,绿、红茶,等级茶,毛茶与精茶等。鉴评叶底主要依靠视觉和触觉来判定嫩度、色泽和匀度。

1. 嫩度

嫩度以芽及嫩叶含量比例和叶质老嫩来衡量,如图 3-1-12、图 3-1-13 所示。芽以含量多、粗而长的好,细而短的差。但应视品种和茶类不同而有所区别,如碧螺春细嫩多芽,其芽细而短、茸毛多,病芽和驻芽都不好。在评定嫩度时,易把芽叶肥壮、节间长的某些品种误评为茶叶粗老;陈茶色泽暗、叶底不开展,与同等嫩度的新茶比时,常把陈茶评为茶老。

图 3-1-12　单芽叶底

图 3-1-13　一芽两叶叶底

2. 色泽

色泽主要看色度和亮度,其含义与干茶色泽有所不同。干茶色泽是以空气为介质,色型多,表面不平,看时恍惚,主要看色度和光泽度;叶底色面,薄摊一层水,似多了一面镜子,易分辨色度和亮度。

应掌握应有的色泽和当年新茶的正常色泽。新茶色新鲜明亮,若有爆点或焦煳点明显易辨;陈茶呈黄褐色或暗黑色,反光率差,若有爆点或焦煳点,模糊不易辨。还可以看发酵程度,如绿茶叶底以嫩绿、鲜绿、黄绿明亮者为优,深绿次之,暗绿带青张或红梗红叶者差。红茶叶底以红匀、红亮为优,红暗、乌暗花杂者差。乌龙茶以绿叶红镶边、柔软、软亮为佳,青张、暗张、死张为差。

3. 匀度

匀度主要看老嫩、大小、厚薄、色泽和整碎等的一致性。若这些因素都比较接近,一致匀称的即匀度好,反之则差。

鉴评叶底时还应注意看叶张舒展情况,以及是否掺杂等。因为干燥、温度过高会使叶底缩紧,泡不开不散条的为差,叶底完全摊开的也不好。

总之,茶叶的色、香、味、形四因素是鉴评的重点,它们既相互独立,又相互贯通。干茶色泽鲜活油润、有光泽的,汤色和叶底色泽都好,否则差。一般香气好的茶,滋味也好。

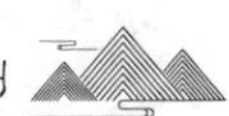

茶叶分类与品鉴评分表

姓名：　　　　　　　　　　学号：

项目	要求和评分标准	分值	组内评分	教师评分	最终得分
理论50分	闭卷考试，考核茶叶的分类	20			
	闭卷考试，考核茶叶的储存方法	10			
	闭卷考试，考核茶叶的鉴别方法	20			
实训50分	茶类鉴别，任意拿出一种茶，要求能够正确辨别基本茶类中的六类和再加工茶类，并说明原因	15			
	根据表3-1-2绿茶品质评分表，正确辨别出特级庐山云雾茶、一级庐山云雾茶、二级庐山云雾茶	35			
合计		100			

表3-1-2　绿茶品质评分表

因子	级别	品质特征	给分	评分系数
外形	甲	以单芽或一芽一叶初展到一芽二叶为原料，色泽嫩绿或翠绿或深绿或鲜绿，油润，匀整，净度好	90～99	25%
	乙	较嫩，以一芽二叶为主原料，造型较有特色，色泽墨绿或青绿，较油润，尚匀整，净度较好	80～89	
	丙	嫩度稍低，造型特色不明显，色泽暗褐或陈灰或灰绿或偏黄，较匀整，净度尚好	70～79	
汤色	甲	嫩绿明亮或绿明亮	90～99	10%
	乙	尚绿明亮或黄绿明亮	80～89	
	丙	深黄或黄绿欠亮或浑浊	70～79	
香气	甲	高爽有栗香或有嫩香或带花香	90～99	25%
	乙	清香，尚高爽，火工香	80～89	
	丙	尚纯，熟闷，老火	70～79	
滋味	甲	甘鲜或鲜醇，醇厚鲜爽，浓醇鲜爽	90～99	30%
	乙	清爽，浓尚醇，尚醇厚	80～89	
	丙	尚醇，浓涩，青涩	70～79	
叶底	甲	匀嫩多芽，较嫩绿明亮，匀齐	90～99	10%
	乙	匀嫩有芽，绿明亮，尚匀齐	80～89	
	丙	尚嫩，黄绿，欠匀齐	70～79	

能力拓展

茶叶鉴别常识

茶叶鉴别常识(真茶与假茶,春茶、夏茶与秋茶,陈茶与新茶,高山茶与平地茶,霉变茶的识别等)。

任务 2　掌握绿茶

学习目标

1. 了解绿茶的历史与发展。
2. 熟练掌握绿茶的制作工艺。
3. 熟悉绿茶的分类。
4. 掌握绿茶的代表名茶。

任务描述

绿茶是中国第一大茶类，名品最多，不但香高味长，品质优异，且造型独特，具有较高的艺术欣赏价值。产区分布于各产茶省、市、自治区。现需要你了解绿茶的制作工艺和品质特征，能识别中国有代表性的名优绿茶，进而能解答顾客有关绿茶的问题。

任务分析

本次任务的学习重点是绿茶的品质特征和代表名茶，学习难点是绿茶的制作工艺，以及从茶叶的外形、香气、滋味等方面正确区分不同种类的绿茶。

任务准备

名称	数量	已取	已还	名称	数量	已取	已还
茶样盘	5			茶叶品鉴杯碗勺	5 套		
随手泡	1			西湖龙井	5 g		
碧螺春	5 g			竹叶青	5 g		
太平猴魁	5 g			庐山云雾茶	5 g		
茶样标签	5						

本任务的学习流程是：理论学习绿茶的制作工艺—绿茶的分类—绿茶的代表名茶—器具与茶样的领取与准备—绿茶的识别。

一、绿茶的产生与发展

中国最早生产的茶类是绿茶，一直以来主产也是绿茶。如今，国产绿茶有近千种，约占茶叶总产量的3/4。其加工制作过程不需经过发酵工序，其成品呈绿色，故称绿茶。

在原始社会，人类将采集到的茶树新梢，放在火上烧烤以后再放在水中去煮，煮出的茶汤供人们解渴消暑。这种"烧烤鲜茶"的做法，也许就是最原始的绿茶加工了。

《茶经》中根据湖州长兴顾渚紫笋饼茶的制法，描述了这种绿饼茶的制作程序："晴，采之，蒸之，捣之，拍之，焙之，穿之，封之，茶之干矣。"陆羽《茶经》中记载的茶类与制法、饮法，都是绿茶。到了宋代，宋徽宗赵佶《大观茶论》、宋子安《东溪试茶录》、熊蕃《宣和北苑贡茶录》等，记载了大量的宋代团饼茶和散叶茶，也都属于绿茶。明太祖朱元璋罢造龙团的诏令，促进了散叶绿茶的发展。蒸青绿茶向炒青绿茶发展。纵观中国茶类的演变发展史，中国绿茶的生产历史，大约有两千年，在这漫长的历史岁月中，积淀的绿茶文化极为丰厚。

二、绿茶的制作工艺

绿茶的加工工艺是：鲜叶摊放—高温杀青—揉捻—干燥—成品。

1. 鲜叶摊放

庐山云雾机械制茶工序图

鲜叶离开茶树后还有生命力，边呼吸边放出热量。在适当的摊放时间内，随着水分的散发，鲜叶内叶绿素发生变化，色泽变深，叶质变软，可塑性增加，便于茶叶造型。鲜叶中的蛋白质、碳水化合物、茶多酚或水解，或氧化，使鲜叶品质朝有利方向发展。

如果鲜叶不摊放，鲜叶就从有氧呼吸转为无氧呼吸，鲜叶内糖分转化为醇类，产生酒精味。鲜叶也会释放氮，产生臭味，致使茶叶腐败、变质。

鲜叶摊放一定要在通风的地方。茶叶采摘量大，无法正常摊放时，可以摊放较厚，但必须采用机器通风。

2. 杀青

杀青是绿茶加工的关键工序，即采取高温措施，散发叶内水分。破坏酶的活性，阻止多酚类的氧化，并使鲜叶内含物发生一定的化学反应。此工序为绿茶品质的形成奠定基础。除少数高级名茶采用手工杀青外，大多采用机器杀青。

3. 揉捻

茶叶通过揉捻达到两个目的：一是为塑造外形打基础；二是使叶细胞组织破碎，增加茶叶滋味的浓度。根据茶叶是否经过摊凉后再揉捻，可分为冷揉和热揉。一般嫩叶宜冷揉，老叶宜热揉，有利于揉进条索，减少碎末茶。颗粒绿茶的揉捻多采用冷揉，热揉对茶叶品质无明显影响。目前除了部分名茶采用手揉之外，绝大多数的茶叶揉捻采用机揉，如图3-2-3和图3-2-4所示。

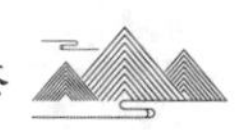

图3-2-1　手工杀青

图3-2-2　机器杀青

庐山云雾茶机械制茶工艺

庐山云雾手工制茶工序

图3-2-3　手工揉捻

图3-2-4　机器揉捻

4. 干燥

如图3-2-5所示，干燥是绿茶加工的最后一道工序。茶叶干燥不同于一般物料的干燥，不仅仅去除水分，而且还会发生一系列的热化学反应，形成茶叶特有的色、香、味、形。干燥过程中，温度要先高后低。要使干燥达到预期目的，必须分阶段进行，不同阶段的温度也不一样。一般分为三个阶段：

图3-2-5　自动链板式烘干机

第一阶段：以蒸发水分和制止前工序的化学变化为主，应提高温度。

第二阶段：叶片可塑性较好，最容易变形，因而是做形的关键阶段。

第三阶段：将茶叶含水量下降到5%～8%，是形成茶叶香味品质的重要阶段。

叶温的高低与香气类型的形成密切相关，在叶温正常变化范围内，高温产生老火香味，中温产生熟香味，低温产生清香味。

三、绿茶的分类

根据杀青方式和最终干燥方式的不同，绿茶可分为蒸青绿茶、炒青绿茶、烘青绿茶、晒青绿茶，常见绿茶名品见表3-2-1。

表3-2-1 常见绿茶名品

绿茶分类	蒸青绿茶	炒青绿茶	烘青绿茶	晒青绿茶
绿茶名品	恩施玉露、仙人掌茶、阳羡茶等	西湖龙井、老竹大方、碧螺春、蒙顶甘露、都匀毛尖、信阳毛尖、午子仙毫、竹叶青、蒙顶甘露、涌溪火青、雨花茶等	黄山毛峰、太平猴魁、六安瓜片、敬亭绿雪、天山绿茶、顾诸紫笋、峨眉毛峰、金水翠峰、峡州碧峰、南糯白毫、庐山云雾茶等	滇青、川青、黔青、桂青、鄂青等

1. 蒸青绿茶

恩施玉露
蒸汽杀青

蒸青绿茶是指利用蒸汽来杀青的制茶工艺而获得的成品绿茶。新工艺保留了较多的叶绿素、蛋白质、氨基酸、芳香物质等内含物，形成了"三绿一爽"的品质特征，即色泽翠绿、汤色嫩绿、叶底青绿、茶汤滋味鲜爽甘醇，带有海藻味的绿豆香或板栗香。但香气较闷带青气，涩味也较重，不及锅炒杀青绿茶那样鲜爽。

南宋时出现的佛家茶仪中所使用的即是蒸青的一种——抹茶。当时浙江余姚径山寺的径山茶宴，经来访的日本僧人的归国传播，启发了日本茶道的兴起。至今日式茶道所用大多仍是蒸青绿茶。日本的蒸青茶，除了抹茶外，还有玉露、煎茶、碾茶、番茶等。因为蒸汽杀青温度高、时间短，叶绿素破坏较少，加上整个制作过程没有闷压，所以蒸青茶的叶色、汤色、叶底都特别绿。

2. 炒青绿茶

采用高温锅炒杀青和锅炒干燥的绿茶，称为炒青绿茶，品质特征为条索紧结光润，汤色、叶底碧绿，香气鲜锐，滋味浓厚而富有收敛性，耐冲泡；干茶色泽翠绿或嫩绿，香气大多为栗香、清香型；滋味鲜醇，汤色嫩绿，叶底黄绿明亮。

由于在干燥过程中受到的作用力不同，炒青绿茶有长炒青（外形呈长条形）、圆炒青（外形呈圆形、珠状）、扁炒青（外形呈扁形）、特种炒青之分。

特种炒青的茶叶在制作过程中虽以炒为主，但因采摘的原料细嫩，为了保持芽叶完整，最后当成品茶快干时，改为烘干而成。名茶有洞庭碧螺春（卷曲形）、信阳毛尖等。

3. 烘青绿茶

烘青绿茶大部分用于窨制各种花茶，因此也被称为茶坯。经再加工精制后大部分做窨制花茶的茶坯，香气一般不及炒青高，少数烘青名茶品质特优。

烘青绿茶有几个特点：一是香气浓郁、沉闷且有烘烤过的味道；二是外形完整稍弯曲，锋苗显露，干色墨绿，香清味醇，汤色、叶底黄绿明亮；三是汤色与最后一次干燥有关：干燥温度过高，汤色清亮泛绿；温度稍低，汤色微黄，但清澈度降低；四是叶底色泽统一，泛翠绿鲜嫩。烘青工艺是为提香，适宜鲜饮，不宜长期存放。

4. 晒青绿茶

鲜叶经杀青、揉捻后，利用日光晒干的绿茶称为晒青绿茶，如图 3-2-7 所示，色泽墨绿或黑褐，汤色橙黄，有不同程度的日晒气味。

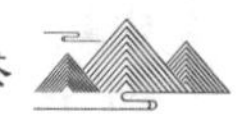

图3-2-7 晒青

四、绿茶的代表名茶

1. 西湖龙井

西湖龙井具有1200多年历史，明代列为上品，清顺治列为贡品。西湖龙井产于浙江杭州西湖的狮峰、龙井、五云山、虎跑一带，历史上曾分为狮、龙、云、虎、梅五个品类，其中多认为以产于狮峰的品质为最佳。1949年后归并为狮、龙、梅三个牌号，统称西湖龙井。只有西湖地区所产龙井才能冠名“西湖”，其外的龙井均应冠上相应的地名，如钱塘龙井、越州龙井等。清乾隆游览杭州西湖时，盛赞龙井茶，并把狮峰山下胡公庙前的18棵茶树封为御茶。

龙井茶中国国家地理标志产品

龙井茶属细嫩扁炒青绿茶，干茶色泽绿中显黄，俗称糙米色，外形扁平挺秀，光滑齐匀，形似碗钉，如图3-2-8和图3-2-9所示。冲泡后清香若兰，香高持久，滋味鲜醇，汤色碧绿明亮，享有“色绿、香郁、味醇、形美”四绝佳茗的美誉。

图3-2-8 西湖龙井干茶

图3-2-9 西湖龙井茶汤与叶底

2. 碧螺春

碧螺春是中国传统名茶，产于江苏省苏州市吴中区太湖的洞庭山一带，已有1000多年历史，唐朝时就被列为贡品，当地民间最早叫洞庭茶，又叫吓煞人香。清代康熙年间，康熙皇帝视察时品尝了这种汤色碧绿、卷曲如螺的名茶，倍加赞赏，但觉得吓煞人香其名不雅，于是题名碧螺春。

碧螺春外形条索纤细，茸毛遍布，白毫隐翠；冲泡后，汤色嫩绿明亮，味道清香浓郁，饮后有回甜之感，如图 3－2－10 和 3－2－11 所示。人们赞道："铜丝条，螺旋形，浑身毛，花香果味，鲜爽生津。"

图 3－2－10　碧螺春干茶

图 3－2－11　碧螺春茶汤与叶底

洞庭碧螺春产区是中国著名的茶、果间作区。茶树和桃、李、杏、梅、柿、橘、银杏、石榴等果木交错种植，令碧螺春茶独具天然茶香果味，品质优异。

3. 庐山云雾茶

庐山云雾茶是中国传统名茶之一，属于烘青类绿茶。最早是一种野生茶，后东林寺名僧慧远将野生茶改造为家生茶。古称闻林茶，始于汉朝，宋代列为贡茶，从明代起始称庐山云雾，因产自江西省九江市的庐山而得名。

据《庐山志》记载，东汉时，佛教传入我国，当时庐山梵宫寺多至 300 余座，僧侣云集。他们攀危崖，冒飞泉，竞采野茶；在白云深处，劈崖填峪，栽种茶树，采制茶叶。唐朝时庐山茶已很著名。唐代诗人白居易也曾在庐山香炉峰结庐而居，挖药种茶，并写下了诗篇："长松树下小溪头，斑鹿胎巾白布裘。药圃茶园为产业，野麋林鹤是交游。"

如图 3－2－12 和图 3－2－13 所示，通常用六绝来形容庐山云雾茶，即条索粗壮、青翠多毫、汤色明亮、叶嫩匀齐、香凛持久，醇厚味甘。云雾茶风味独特，由于受庐山凉爽多雾的气候及日光直射时间短等条件影响，其叶厚，毫多，醇甘耐泡。

图 3－2－12　庐山云雾茶干茶

图 3－2－13　庐山云雾茶茶汤与叶底

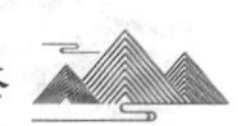

庐山云雾茶农产品地理标志地域保护范围为庐山及鄱阳湖(九江管辖范围)、庐山西海及周边区域,涉及海会镇、岷山乡、赛阳镇等185个乡镇(办事处)。

4. 信阳毛尖

信阳毛尖又称豫毛峰,属特种炒青绿茶类,是中国十大名茶之一,也是河南省著名特产之一。因形细圆紧直而有锋芒(针形),故名毛尖。

如图3-2-14和图3-2-15所示,以色翠、香高、味鲜著称,白毫显露而有锋苗,色绿光润;冲泡后,汤色明净、碧绿,叶底嫩绿匀整,香高持久,回甘生津,有熟板栗的香味。

图3-2-14　信阳毛尖干茶

图3-2-15　信阳毛尖茶汤与叶底

5. 都匀毛尖

都匀毛尖属炒青绿茶类,又名鱼钩茶,是贵州三宝之一。生长于海拔1000米以上云雾缭绕的大山之中,产于都匀市,属黔南布依族苗族自治州。都匀毛尖茶有悠久的历史,早在明代已为贡品,深受明朝皇帝喜爱,因形似鱼钩,故赐名鱼钩茶。到乾隆年间,已开始行销海外。

如图3-2-16和图3-2-17所示,都匀毛尖有"三绿透黄色"的特色,即干茶色泽绿中带黄,汤色绿中透黄,叶底绿中显黄;香气清嫩、滋味鲜浓、回味甘甜、汤色清澈、叶底匀整明亮。

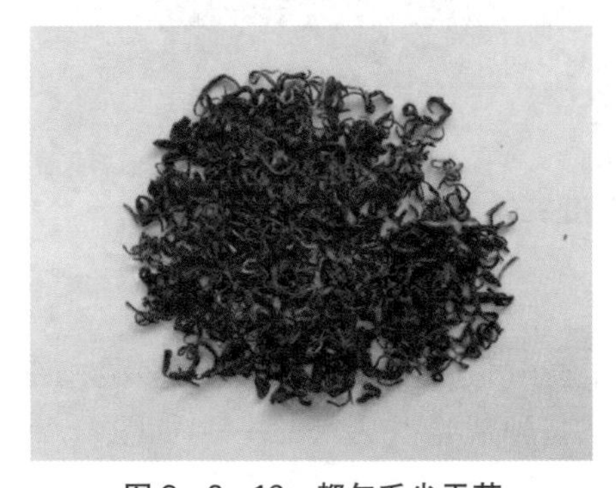

图3-2-16　都匀毛尖干茶

图3-2-17　都匀毛尖茶汤与叶底

6. 竹叶青

竹叶青属于炒青绿茶类,产于四川省峨眉山。20世纪60年代由峨眉山万年寺高僧研制。陈毅同志来到峨眉山万年寺，饮此茶后赞不绝口，起名为竹叶青。

如图 3-2-18 和图 3-2-19 所示。竹叶青外形扁平挺直，色泽嫩绿油润；两头尖细，形似竹叶；汤色黄绿清亮，叶底浅绿匀嫩；滋味清醇爽口，内质香气高鲜，饮后余香回甘。

图 3-2-18　竹叶青干茶

图 3-2-19　竹叶青茶汤与叶底

7. 黄山毛峰

黄山毛峰原产于安徽歙县黄山区，现扩展至黄山行政区内的屯溪区、黄山区、徽州区、歙县、休宁县、祁门县等地。黄山毛峰始创于清末，是中国历史名茶。

特级黄山毛峰形似雀舌，白毫显露，色似象牙，鱼叶金黄；冲泡后，清香高长，汤色清澈，滋味鲜浓、醇厚、甘甜，叶底嫩黄，肥壮成朵，如图 3-2-20 和图 3-2-21 所示。其中鱼叶金黄和色似象牙是特级黄山毛峰外形与其他毛峰不同的两大明显特征。

图 3-2-20　黄山毛峰干茶

图 3-2-21　黄山毛峰茶汤与叶底

8. 太平猴魁

太平猴魁是中国历史名茶，创制于 1900 年，产于黄山北麓。由于产地低温多湿、土质肥沃、云雾笼罩，是尖茶（不揉捻的烘青绿茶，是安徽省的特种茶类）中最好的一种，如图 3-2-22 和图 3-2-23 所示。

太平猴魁两叶抱芽，扁平挺直，自然舒展，白毫隐伏，有“猴魁两头尖，不散不翘不卷边”之称；其叶色苍绿匀润，叶脉绿中隐红，俗称“红丝线”；兰香高爽，滋味醇厚回甘，有独特的猴韵；汤色清绿明澈，叶底嫩绿匀亮，芽叶成朵肥壮。

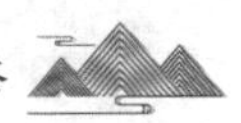

图 3-2-22　太平猴魁干茶

图 3-2-23　太平猴魁茶汤与叶底

9. 六安瓜片

六安瓜片又称片茶，为绿茶特种茶类，是中国历史名茶，产自安徽省六安市大别山一带。在唐代被称为庐州六安茶；在明代称为六安瓜片，为上品、极品茶；清为朝廷贡茶。

在世界所有茶叶中，六安瓜片是唯一无芽无梗的茶叶，由单片生叶制成。去芽不仅保持单片形体，且无青草味；梗在制作过程中已木质化，剔除后，可确保茶味浓而不苦，香而不涩。六安瓜片每逢谷雨前后十天之内采摘，采摘时取二三叶，求壮不求嫩。

如图 3-2-24 和图 3-2-25 所示，干茶微向上重叠，形似瓜子；内质香气清高，水色碧绿，滋味回甜，叶底厚实明亮。六安瓜片还十分耐冲泡，其中以二道茶香味最好，浓郁清香。

图 3-2-24　六安瓜片干茶

图 3-2-25　六安瓜片茶汤与叶底

10. 恩施玉露

恩施玉露是中国传统蒸青绿茶，选用叶色浓绿的一芽一叶或一芽二叶鲜叶，经蒸汽杀青制作而成。产于湖北恩施市南部的芭蕉乡及东郊五峰山。湖北产茶历史悠久，早在唐代就已很著名，现仍是我国的重要产茶省份。恩施玉露是我国保留下来的为数不多的蒸青绿茶，其制作工艺及工具相当古老，与《茶经》所载十分相似。恩施玉露深受国人及东南亚一带人们的厚爱，被评为中国十大名茶；2008 年，被授予“湖北第一历史名茶”的称号。

恩施玉露手工制茶揉捻

成茶条索紧细匀整，紧圆光滑，色泽鲜绿，匀齐挺直，状如松针，白毫显露，色泽苍翠润绿；茶汤清澈明亮，香气清高持久，滋味鲜爽甘醇，叶底嫩匀明亮，色绿如玉，如图 3-2-26 和图 3-2-27 所示。三绿：茶绿、汤绿、叶底绿，为其显著特点。

图 3－2－26　恩施玉露干茶

图 3－2－27　恩施玉露茶汤与叶底

任务评价

绿茶识别评分表

姓名：　　　　　　　　　　学号：

项目	要求和评分标准	分值	组内评分	教师评分	最终得分
茶样辨识 40 分	规范摆放及整理茶样及样茶盘	5			
	观察干茶外形，准确说出 5 种绿茶的茶名及产地	20			
	观察干茶外形，准确说出 5 种绿茶所属分类	15			
描述特点 30 分	说出指定绿茶的干茶外形特点	10			
	说出指定绿茶冲泡后的滋味特点	10			
	说出指定绿茶冲泡后的叶底特点	10			
知识问答 30 分	结合产地与品质特点介绍一款自己喜欢的绿茶	20			
	简述绿茶的加工工艺	10			
合计		100			

能力拓展

能力拓展

扫码了解绿茶的保健功效。

任务3　辨别白茶

学习目标

1. 了解白茶的产生与发展。
2. 熟练掌握白茶的制作工艺。
3. 熟悉白茶的分类。
4. 掌握白茶的代表名茶。

任务描述

现需要你了解白茶的制作工艺和品质特征，能识别中国有代表性的名优白茶，进而能解答顾客有关白茶的问题。

任务分析

本次任务的学习重点是白茶的品质特征和代表名茶；学习难点是白茶的制作工艺以及从茶叶的外形、香气、滋味等方面正确区分不同种类的白茶。

任务准备

名称	数量	已取	已还	名称	数量	已取	已还
茶荷	3			茶叶品鉴杯碗勺	3套		
随手泡	1			白毫银针	5 g		
白牡丹	5 g			贡眉	5 g		
茶样标签	3						

本任务的学习流程：理论学习白茶的制作工艺—白茶的分类—白茶的代表名茶—器具与茶样的领取与准备—白茶的识别。

一、白茶的产生与发展

白茶是特种茶，主产于福建福鼎、政和、松溪和建阳，是一种自然天成的茶类。古代，采摘茶树枝叶，用晒干收藏的方法制成产品，类似于原始的白茶。

《大观茶论》中称："白茶自为一种，与常茶不同，其条敷阐，其叶莹薄，崖林之间偶然生出，非人力所可致。"这种白茶实为白叶茶，其制作工艺仍属于蒸青绿茶。白茶的名字最早出现在《茶经》"七之事"中，记载"永嘉县东三百里有白茶山"。因其仅有名称，能否作为白茶的起源证据，还有待商榷。

现代意义的白茶，发源于建阳市漳墩乡桔坑村南坑，约在清乾隆三十七年至四十七年（1772～1782年），由当地兴隆的茶农兼茶商世家肖氏创制。

白茶是福建的传统特种外销茶，主要销往德国、日本、荷兰、法国、印度尼西亚、新加坡、马来西亚、瑞士等国家，以及我国香港、澳门地区。1891年已有白毫银针出口，直至20世纪90年代初，白茶仍为外销茶。

白茶最主要的特点是毫色银白，素有绿妆素裹之美感。干茶色白隐绿，满披白色茸毛，毫香重，毫味显，芽头肥壮，汤色浅淡、黄亮，味鲜爽口、甘醇，香气清新，十分素雅。

二、白茶的制作工艺

白茶的制法可追溯到古时的晒青茶，明代就深受茶人推崇，田艺蘅《煮泉小品》中描述："芽茶以火作者为次，生晒者为上，亦近自然，且断烟火气耳……则旗枪舒畅，青翠鲜明，方为可爱。"这与今天的白茶制法十分接近。白茶传统制法独特，不炒不揉，属轻微发酵茶。其加工的主要工序为萎凋、干燥。鲜叶原料多芽叶，满披茸毛，依据茶树品种可分为大白（采自大白茶树品种，如福鼎大白、政和大白）、水仙白（采自水仙品种）和小白（采自菜茶）。

1. 萎凋

如图3-3-1所示，萎凋是白茶加工的关键工序，萎凋的目的是蒸发鲜叶中的部分水分，促进水解和氧化，挥发青臭气，发展茶香。主要有室内自然萎凋、复式萎凋和加温萎凋三种，其中白牡丹萎凋经萎凋—拼筛—拣剔—萎凋的步骤，白毫银针萎凋过程不经过拼筛和拣剔。萎凋中的生化过程也是发酵过程，所以白茶也是微发酵茶。

2. 干燥（烘焙）

白茶的干燥方式重天然，晾干或用文火焙干。如白毫银针干燥时，先将茶芽匀摊于竹筛上晒晾至八九成干，再以焙笼文火焙干。初烘时，烘干温度为100～120℃，时间为10分钟，摊凉15分钟；复烘时，温度为80～90℃；低温长烘保持在70℃左右。

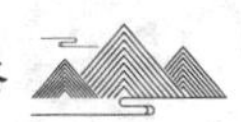

(a) 萎凋槽萎凋(室内萎凋)

(b) 自然萎凋

图 3-3-1　萎凋

三、白茶的分类

1. 国标分类

白茶根据采摘部位的不同分为以下四大类。

(1) 白毫银针　以大白茶或水仙茶树品种的单芽为原料,经萎凋、干燥、拣剔等特定工艺过程制成的白茶产品。

(2) 白牡丹　以大白茶或水仙茶树品种的一芽一二叶为原料,经萎凋、干燥、拣剔等特定工艺过程制成的白茶产品。

(3) 贡眉　以群体种茶树品种的一芽二叶或一芽三叶嫩梢为原料,经萎凋、干燥、拣剔等特定工艺过程制成的白茶产品。

(4) 寿眉　以大白茶、水仙或群体种茶树品种的一芽二三叶嫩梢或叶片为原料,经萎凋、干燥、拣剔等特定工艺过程制成的白茶产品。

2. 依工艺分类

(1) 传统工艺白茶　经过日晒、复式萎凋或自然萎凋到90%的干燥度后,以30～40℃文火焙干。

(2) 新工艺白茶　1968年福建省为适应港澳市场需求研制,最大特点是经过轻揉捻。其工艺为轻萎凋(相对传统白茶而言)、轻揉捻、轻发酵和烘干。外形卷缩,略带条形;内质滋味甘和,色、味趋浓,品质自成一格。

3. 按照白茶保存时间分类

(1) 新白茶　当年的茶,如白毫、白牡丹等。茶叶外形褐绿或灰绿,针白且白毫满布;特别是阳春三月采制的白茶,叶片底部及顶芽的白毫较其他季节所产的更为丰厚。

(2) 老白茶　贮存多年的白茶。

一般的茶保质期为两年。过了两年的保质期,保存得再好,茶的香气也已散失殆尽。白茶却不同,它与生普洱一样,储存年份越久,茶味越是醇厚和香浓,素有"一年茶、三年药、七年宝"之说。一般五六年的白茶就可算老白茶,十几二十年的老白茶已经非常难得。

在正确的仓储条件下,白茶存放时间越长,其药用价值越高,因此老白茶具有收藏价值。老白茶不仅在现代中医处方中可作为药引,而且其功效是越久越显著,非新茶可比拟。

四、白茶的代表名茶

1. 白毫银针

白毫银针约创制于清嘉庆初年的福鼎县，简称为银针，又叫白毫，素有茶中美女之美称。由于鲜叶原料全部是茶芽，成品茶形状似针，白毫密被，色白如银，由此得名。如图 3-3-2 和图 3-3-3 所示，冲泡后，香气清鲜，滋味醇和，会出现“白云疑光闪，满盏浮花乳”的景象，芽芽挺立，堪称奇观，极具观赏价值。

图 3-3-2　白毫银针干茶

图 3-3-3　白毫银针茶汤与叶底

2. 白牡丹

白牡丹 1922 年创制于福建省建阳县，主产于福鼎县、政和县、建阳县，我国台湾省也生产。白牡丹属花朵形白茶，外形两叶抱一芽（绿叶夹银白毫心），叶背垂卷，形似花朵，色泽灰绿或呈暗青苔色；冲泡后绿叶托着嫩芽，犹如蓓蕾初绽，故名白牡丹。冲泡后香气芬芳，滋味鲜醇，汤色杏黄或橙黄，叶底浅灰，叶脉微红，芽叶连枝，如图 3-3-4 和图 3-3-5 所示。

图 3-3-4　白牡丹干茶

图 3-3-5　白牡丹茶汤与叶底

3. 贡眉

贡眉是白茶中产量最高的一个品种，约占白茶总产量的一半以上，如图 3-3-6 和图 3-3-7 所示。菜茶的茶芽曾经用来制造白毫银针等品种，但后来改用大白来制作白毫银针和白牡丹，而小白就用来制作贡眉了。通常来说，“贡眉”表示上品，其质量优于寿眉，但近年来一般只称贡眉，而不再有寿眉。

图3-3-6 贡眉干茶

图3-3-7 贡眉茶汤与叶底

知识链接

云南白茶

云南普洱市景谷县民乐乡秧塔村的大白茶种植历史有160余年,清道光二十年(1840年),陈家从勐库茶山采得数十粒种子,藏于扁担中带回种植,1981年,景谷秧塔大白茶列为地方名茶良种,如图3-3-8和图3-3-9所示。

云南月光白干茶叶面呈现黑色,叶背呈现白色,黑白相间,如图3-3-10和图3-3-11所示。工艺是鲜叶采摘后,在室内自然阴干。这样阴干而制成的月光白出现于2003年前后。近些年,云南也有产区采用鲜叶日光萎凋制作白茶,其成品香气更加清高,区分于月光白清幽的香气。

图3-3-8 景谷大白干茶

图3-3-9 景谷大白茶汤与叶底

图3-3-10 云南月光白干茶

图3-3-11 云南月光白茶汤与叶底

任务评价

白茶识别评分表

姓名：　　　　　　　　　　学号：

项目	要求和评分标准	分值	组内评分	教师评分	最终得分
茶样辨识 40分	规范摆放及整理茶样及样茶盘	5			
	观察干茶外形，准确说出3种白茶的茶名及产地	20			
	观察干茶外形，准确说出3种白茶所属分类	15			
描述特点 30分	说出指定白茶的干茶外形特点	10			
	说出指定白茶冲泡后的滋味特点	10			
	说出指定白茶冲泡后的叶底特点	10			
知识问答 30分	结合产地与品质特点介绍一款自己喜欢的白茶	20			
	简述白茶的加工工艺	10			
合计		100			

能力拓展

能力拓展

1. 如何区分白茶中的米针、荒野银针、拨针和普通银针？

2. 党的二十大提出：我们经过接续奋斗，实现了小康这个中华民族的千年梦想，我国发展站在了更高历史起点上。我们坚持精准扶贫、尽锐出战，打赢了人类历史上规模最大的脱贫攻坚战，为全球减贫事业作出了重大贡献。

请学习《习近平总书记的扶贫相册，一片叶子富了一方百姓》。

任务 4　认识黄茶

学习目标

1. 了解黄茶的产生与发展。
2. 熟练掌握黄茶的制作工艺。
3. 熟悉黄茶的分类。
4. 掌握黄茶的代表名茶。

任务描述

现需要你了解黄茶的制作工艺和品质特征，能识别中国有代表性的名优黄茶，进而能解答顾客有关黄茶的问题。

任务分析

本次任务的学习重点是黄茶的品质特征和代表名茶；学习难点是从黄茶的制作工艺以及从茶叶的外形、香气、滋味等方面正确区分不同种类的黄茶。

任务准备

名称	数量	已取	已还	名称	数量	已取	已还
茶荷	4			茶叶品鉴杯碗勺	4 套		
随手泡	1			君山银针	5 g		
蒙顶黄芽	5 g			平阳黄汤	5 g		
霍山黄大茶	5 g			茶样标签	4		

本任务的学习流程是：理论学习黄茶的制作工艺—黄茶的分类—黄茶的代表名茶—器具与茶样的领取与准备—黄茶的识别。

一、黄茶的产生与发展

黄茶干茶色泽黄亮，汤色和叶底呈黄色，发酵程度约为10%，凉性。因产量低，是珍贵的茶叶。

历史上最早记载的黄茶，不是现今所指的黄茶，是依茶树品种原有特征，芽叶自然显露黄色而言。如在唐朝享有盛名的安徽寿州黄茶。

在历史上，未产生系统的茶叶分类理论之前，消费者大都凭直观感觉辨别黄茶。这种识别黄茶的方法，混淆了加工方法和茶叶品质极不相同的几个茶类。如上面所说的因鲜叶具嫩黄色而得名的黄茶，实为绿茶类。

黄茶的诞生颇为巧合，是在生产绿茶时制作工艺出现偏差而偶然得到的。但是黄茶与绿茶的口感、汤色和外观都有很大区别。黄茶全套生产工艺，是在公元1570年前后形成的。如黄大茶，创制于明代隆庆年间(1567～1572年)，距今已有四百多年历史。

二、黄茶的制作工艺

黄茶的制作工艺主要包括杀青、闷黄、干燥。其中，闷黄是制作黄茶的重要工序。揉捻不是黄茶的必需工艺。如君山银针和蒙顶黄芽就不揉捻，黄大茶在锅内边炒边揉捻，也没有独立的揉捻工序。

1. 杀青

通过杀青，蒸发一部分水分，散发青草气，对香味形成有重要作用。虽然杀青温度不是太高，但要求破坏酶的活性，制止酚类化合物的酶性氧化。在杀青初期和杀青后残余酶作用只是短暂的且极其有限的，起主导作用的是湿热作用促进叶内化学变化。

2. 闷黄

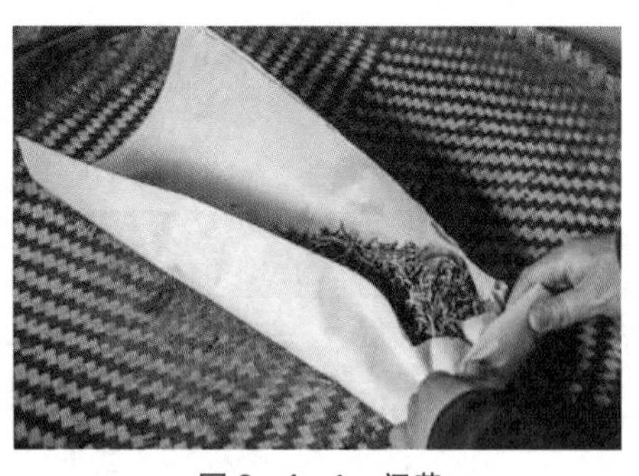

图3-4-1 闷黄

如图3-4-1所示，闷黄是黄茶制法的特殊流程，可分为湿坯闷黄和干坯闷黄。湿坯闷黄是指在杀青后，或热揉或堆闷使之变黄。沩山毛尖杀青后热堆，经6～8小时即可变黄；平阳黄汤杀青后，趁热快揉、重揉，堆闷于竹篓内1～2小时就变黄；北港毛尖炒揉后，覆盖棉衣半小时，俗称拍汗，促其变黄。

由于水分少，干坯闷黄变化较慢，故而黄变时间较长。如君山银针，初烘至六七成干，初包40～48小时后，复烘至八成干，复包24小时，即达到黄变要求；黄大茶初烘七八成干，趁热装入高深口小的篾篮内闷堆，置于烘房5～7天，促其黄变；霍山黄芽烘至七成干，堆积1～2天才能变黄。

 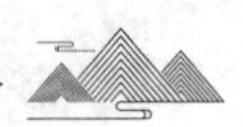

不同茶叶，方法不一，但殊途同归，都是为了形成良好的黄色黄汤品质特征。黄茶堆积闷黄的实质是湿热引起叶内成分一系列氧化、水解，这是形成黄叶黄汤，滋味醇浓的主导方面；干热作用则以发展黄茶的香味为主。

影响闷黄的因素主要有茶叶的含水量和叶温。含水量多，叶温愈高，则湿热条件下的黄变过程也愈快。

3. 干燥

黄茶的干燥一般分几次进行，温度也比其他茶类偏低。干燥温度先低后高，是形成黄茶香味的重要因素。

三、黄茶的分类

1. 黄芽茶

黄芽茶是采摘细嫩的单芽或一芽一叶为原料制作而成的，幼芽色黄而多白毫，故名黄芽。茶叶细嫩，显毫，香味鲜醇。

2. 黄小茶

采摘细嫩芽叶，多以一芽一叶、一芽二叶为原料加工而成，其品质不及黄芽茶，但明显优于黄大茶。黄小茶成茶的外形芽壮叶肥，毫尖显露，呈金黄色，汤色橙黄，香气清高，味道醇厚，甘甜爽口。

3. 黄大茶

黄大茶创制于明代隆庆年间。外形梗壮叶肥，叶片成条；梗叶相连，形似钓鱼钩，金黄显褐，色泽油润；汤色深黄显褐，叶底黄具有浓烈的老火香（俗称锅巴香）。

黄大茶要求大枝大杆，鲜叶采摘的标准为一芽二三叶甚至一芽四五叶，一般长度在10～13厘米，主要包括霍山黄大茶、广东大叶青等。

黄大茶大枝大叶的外形在我国诸多茶类中确实少见，已成为消费者判定黄大茶品质好坏的标准。

四、黄茶的代表名茶

1. 君山银针

君山银针产于湖南岳阳洞庭湖的洞庭山。洞庭山又称君山，所产之茶形似针，满披白毫，故称君山银针。其品质特征是：外形芽头肥壮挺直、匀齐，芽叶茸毛披身，金黄明亮，也称为金镶玉；汤色橙黄明亮，香气清鲜，味甜爽，如图3-4-2和图3-4-3所示。开汤后，初始芽尖朝上、蒂头垂直而悬浮于水面；随后竖沉于水底，忽升忽降，最多可达三次，有三起三落之称，最后徐徐竖沉于杯底，形如群笋出土，又像银刀直立。

君山银针制造工艺精细，分杀青、摊凉、初烘、初包、复烘、摊凉、复包、足火八道工序，全程历时4天左右。

2. 蒙顶黄芽

蒙顶黄芽，产于四川雅安市名山县蒙顶山，因雨雾蒙沫而得名。蒙顶山是茶和茶文化的发祥地之一。早在2000多年前的西汉时期，蒙山茶祖师吴理真就开始在蒙顶驯化栽种野生茶树，开始了人工种茶的历史。

图 3-4-2　君山银针干茶

图 3-4-3　君山银针茶汤与叶底

特级蒙顶黄芽茶采用明前全芽头制作，每斤干茶需要 5～6 万个芽头。蒙顶黄芽的品质特点是芽叶整齐，外形扁直，肥嫩多毫，色泽微黄，芽毫毕露，甜香浓郁，汤色黄亮，滋味鲜醇回甘，叶底全芽，嫩黄匀齐，如图 3-4-4 和图 3-4-5 所示。

图 3-4-4　蒙顶黄芽干茶

图 3-4-5　蒙顶黄芽茶汤和叶底

霍山黄茶的传说

3. 霍山黄芽

霍山黄芽源于唐朝之前，兴于明清，主要产于安徽省霍山县。自唐至清，霍山黄芽历代都被列为贡茶。霍山黄芽鲜叶细嫩，因山高地寒，开采期一般在谷雨前 3～5 天，采摘标准为一芽一叶、一芽二叶初展。黄芽要求鲜叶新鲜度好，采回鲜叶应薄摊散失表面水分，一般上午采下午制，下午采当晚制完。

霍山黄芽形似雀舌，芽叶细嫩多毫，色泽嫩黄，汤色黄绿清澈，有熟栗子香，滋味醇厚回甜；叶底嫩黄明亮，嫩匀厚实，如图 3-4-6 和图 3-4-7 所示。

图 3-4-6　霍山黄芽干茶

图 3-4-7　霍山黄芽茶汤与叶底

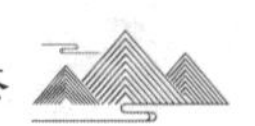

4. 远安鹿苑

远安鹿苑产于湖北省远安县鹿苑寺。迄今已有750年历史。据县志记载，起初不过为寺僧在寺侧栽培，产量甚微；当地村民见茶香味浓，争相引种，逐渐扩大栽培范围。外形色泽金黄，白毫显露，条索呈环状，俗称环子脚，内质清香持久，叶底嫩黄匀称，冲泡后汤色绿黄明亮，滋味醇厚甘凉，如图3-4-8和图3-4-9所示。

农旅融合赋能乡村振兴

图3-4-8 远安鹿苑干茶

图3-4-9 远安鹿苑茶汤与叶底

5. 广东大叶青

广东大叶青主要产于广东省韶关、肇庆、湛江等地，是黄大茶的代表品种之一。以大叶种茶树的鲜叶为原料，采摘标准为一芽三四叶。初制时经过堆积，形成了黄茶品质，产品以侨销为主。

其外形条索肥壮、紧结、重实，老嫩均匀，叶张完整，显毫，色泽青润显黄，香气纯正，滋味浓醇回甘，汤色橙黄明亮，叶底淡黄，如图3-4-10和图3-4-11所示。

图3-4-10 广东大叶青干茶

图3-4-11 广东大叶青茶汤与叶底

6. 平阳黄汤

平阳黄汤产自浙江省温州市平阳县，清明节前开采。采摘标准为细嫩多毫的一芽一叶和一芽二叶初展，要求大小匀齐一致。黄汤始于清代。在乾隆时期被列为朝廷贡品，一直延续到宣统年间。《清代贡茶研究》记："浙江的贡茶中，数量最大的不是龙井茶，而是黄茶。黄茶是作为清宫烹制奶茶的主要原料。"书中所言的黄茶即平阳黄汤。

平阳黄汤具有干茶显黄、汤色杏黄、叶底嫩黄的三黄特征，与君山银针、蒙顶黄芽、霍山黄芽并称中国四大传统黄茶。其品质特征是：条索细紧纤秀，色泽黄绿多毫，汤色橙黄鲜明，香气清芬高锐，滋味鲜醇爽口，叶底芽叶成朵匀齐，如图 3－4－12 和图 3－4－13 所示。

图 3－4－12　平阳黄汤干茶

图 3－4－13　平阳黄汤茶汤与叶底

黄茶识别评分表

姓名：　　　　　　　　　　　学号：

项目	要求和评分标准	分值	组内评分	教师评分	最终得分
茶样辨识 40 分	规范摆放及整理茶样及样茶盘	5			
	观察干茶外形，准确说出 4 种黄茶的茶名及产地	20			
	观察干茶外形，准确说出 4 种黄茶所属分类	15			
描述特点 30 分	说出指定黄茶的干茶外形特点	10			
	说出指定黄茶冲泡后的滋味特点	10			
	说出指定黄茶冲泡后的叶底特点	10			
知识问答 30 分	结合产地与品质特点介绍一款自己喜欢的黄茶	20			
	简述黄茶的加工工艺	10			
合计		100			

任务5　细分青茶

1. 了解青茶的产生与发展。
2. 熟练掌握青茶的制作工艺。
3. 熟悉青茶的分类。
4. 掌握青茶的代表名茶。

青茶又称乌龙茶，是中国特有的茶类之一，属于半发酵茶，产区主要分布于福建、广东和台湾地区。现需要你了解青茶的制作工艺和品质特征，能识别中国有代表性的名优乌龙茶，进而能解答顾客有关乌龙茶的问题。

本次任务的学习重点是青茶的品质特征和代表名茶；学习难点是青茶的制作工艺以及从茶叶的外形、香气、滋味等方面正确区分不同种类的青茶。

任务准备

名称	数量	已取	已还	名称	数量	已取	已还
茶荷	5			茶叶品鉴杯碗勺	5套		
随手泡	1			大红袍	5 g		
铁观音	5 g			肉桂	5 g		

续 表

名称	数量	已取	已还	名称	数量	已取	已还
凤凰单丛	5 g			冻顶乌龙	5 g		
茶样标签	5						

任务实施

本任务的学习流程：理论学习青茶的制作工艺—青茶的分类—青茶的代表名茶—器具与茶样的领取与准备—青茶的识别。

一、青茶的产生与发展

青茶的前身北苑茶起源于福建，至今已有 1 000 多年的历史。北苑茶是福建最早的贡茶，也是宋代以后最为著名的茶叶，历史上介绍北苑茶产制和煮饮的著作就有十多种。

北苑茶重要成品龙团凤饼，其采制工艺如皇甫冉送陆羽的采茶诗里所说："采茶非采菉，远远上层崖。布叶春风暖，盈筐白日斜。"要采得一筐的鲜叶，要经过一天的时间。叶子在筐子里摇荡积压，到晚上才能开始蒸制。这种经过积压的原料发生了部分红变，芽叶经酶促氧化的部分变成了紫色或褐色，究其实质已属于半发酵了，也就是所谓的青茶。

武夷山茶则在北苑茶之后，于元朝、明朝、清朝获得贡茶地位。现所说的青茶则是安溪人仿照武夷山茶的制法，改进工艺制作出来的一种茶，创制于 1725 年前后，福建《安溪县志》记载："安溪人于清雍正三年首先发明乌龙茶做法，以后传入闽北和台湾。"另据史料考证，1862 年福州即设有经营青茶的茶栈。1866 年台湾青茶开始外销。而现在全国青茶最大产地当属福建安溪，安溪也于 1995 被国家农业部和中国农学会等单位命名为"中国乌龙茶（名茶）之乡"。

青茶干茶色泽青褐、青绿、暗绿，汤色黄红，有天然花香，花香果味。从清新的花香、果香到熟果香都有，滋味浓醇，韵味独特，香气馥郁，回甘持久。叶底有"绿叶红镶边""三红七绿"的明显特征。

二、青茶的制作工艺

青茶的天然花果香气和特殊的香韵，与其茶树品种、加工工艺、生态条件等因素有关。制作工序是鲜叶—晒青或萎凋—做青—炒青—做型—干燥—成品。其中，做青是制作青茶的重要工序，有效控制青叶的酶性氧化，而后通过炒青适时制止了酶性氧化，促使青叶以非酶性氧化状态进入造型和干燥，是形成其独特品质风格的重要因素。

1. 萎凋

青茶萎凋包括晒青和晾青两个过程。晒青是首先使鲜叶散失部分水分，为做青加速"走水"准备条件；加速化学和物理变化，提高香气。晾青是在晒青或加温萎凋后，可降低叶温，避免叶片红变，促进酶促氧化降解和转化，同时使晒青叶萎软状态消失。

2. 做青

做青也叫摇青，是青茶制作的重要工序，也是最关键、操作最复杂的工序。全过程由摇青和静置（或晾青）交替进行。摇青应遵循循序渐进的原则，前阶段应该轻摇勤摇，以促进走水为主，避免损伤叶子。特别是防止折伤，造成死青。待顺利走水后，则以促进红变和萎凋的化学变化为主。操作技术上要采取重摇、提高叶温和抑制水分蒸发等措施。

摇青方法分手工和机动两种。如图3-5-1所示，手工做青是待鲜叶摊凉后，将水筛搬到做青间，按顺序放在青架上，静置一小时后开始摇青。双手握水筛边缘，有节奏地旋转摇摆，叶子在筛上旋转、上下翻动，使叶与叶、叶与筛面碰撞、摩擦，促进走水，碰伤叶缘组织，发生局部氧化。第一次摇青后放置半个小时左右，第二次摇青。这样反复进行4～8次，历时6～12小时。

(a) 手工摇青

(b) 机械摇青

图3-5-1　摇青

茶叶经过摇青后，由于叶缘细胞的破碎，发生轻度氧化，叶片边缘呈现红色。叶片中央部分，叶色由暗绿变为黄绿，即所谓的“绿叶红镶边”。现在由于大部分茶叶选用机摇的方式，“绿叶红镶边”的特征已经不是很明显了，少量采用手摇青制作而成的茶叶，依然较好地保持了这个特征。

3. 炒青

青茶的内质已经在摇青阶段基本形成，炒青是承先启后的转折工序，原理与绿茶基本一致。通过高温破坏多酚氧化酶的活性，防止做青叶继续氧化，巩固做青形成的品质。同时，低沸点芳香物质如青草气的挥发与高沸点芳香物质显露，形成馥郁的茶香；通过湿热感化粉碎部分叶绿素，使叶片黄绿而亮。此外，还可挥发部分水分，使叶片柔软，便于揉捻。

4. 揉捻（或包揉）

揉捻与包揉是不同的造型工艺。条形青茶采用揉捻，茶叶通过揉捻，叶片揉破变轻，卷转成条，体积缩小，便于冲泡。部分茶汁挤溢附着在叶表，对提高茶滋味浓度也有重要作用。包揉是球形或半球形青茶加工造型工艺。

5. 干燥

采用烘焙的方法干燥，可分为毛火和足火。一般揉捻和烘焙交替进行。其目的在于蒸发茶叶中的水分，缩小茶叶体积，固定外形，保持足干，防止霉变，稳定青茶品质。

三、青茶的分类

青茶因茶树品种的特异性而形成了各自独特的风味。所以，青茶的品类主要根据产地划分为福建青茶、广东青茶和台湾青茶。常见青茶名品见表 3－5－1。

表 3－5－1　常见青茶名品

青茶分类	福建青茶	广东青茶	台湾青茶
青茶名品	武夷岩茶、铁观音、本山、永春佛手等	凤凰单丛、凤凰水仙、岭头单丛、石古坪乌龙茶、西岩乌龙茶等	文山包种、冻顶乌龙、白毫乌龙等

1. 福建青茶

福建青茶产品花色具备各自的品质特征，分为闽北青茶和闽南青茶两大类，又细分为闽北水仙、闽北乌龙、闽南铁观音、闽南色种、武夷岩茶和安溪铁观音等系列产品。

2. 广东青茶

广东乌龙茶主产于广东东部地区。青茶的商品花色分为单丛、水仙、浪菜、色种、铁观音、乌龙等，以潮安县的凤凰单丛的香高味浓耐泡著称，为外销乌龙茶之极品，闻名中外。

3. 台湾青茶

台湾青茶源于福建，但是有所改变。依据发酵程度和工艺流程可分为轻发酵的文山包种茶和冻顶包种茶，重发酵的台湾乌龙茶。台湾的植茶面积 23 000 公顷，青茶的种植面积占 45%；青茶年产量占茶叶全年年产量的 65%。青茶是中国台湾的主要茶类。台湾茶业的发展，只有 200 多年的历史，茶叶一直是台湾的重要经济作物，为台湾的经济发展建立了不可磨灭的功绩。

四、青茶的代表名茶

（一）福建青茶

1. 闽北青茶

福建北部武夷山种茶历史悠久，自然条件优越，堪称天然的植物园，茶树品种丰富，有茶树品种王国之称。早在宋代，武夷茶就被列为贡茶，统称为武夷岩茶。

主要分武夷岩茶、闽北水仙、闽北乌龙等品类，以武夷岩茶最为出名。武夷岩茶产品分为大红袍、名丛、肉桂、水仙、奇种等。名丛为岩茶之王，其中以四大名丛，即大红袍（商品）、铁罗汉、白鸡冠、水金龟最为名贵。

（1）大红袍　在四大名丛中享有最高声誉。大红袍既是茶树名，又是茶名。其条索紧细，色泽乌润带砂绿，干茶香馥郁，带有果胶香、火香，滋味醇厚，岩韵强烈，耐泡度好，九泡有余香，香气带甜、持久，汤色橙红，叶底透亮，红边足，如图 3－5－2 和图 3－5－3 所示。

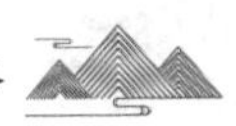

一词四义的大红袍

图3-5-2 大红袍干茶

图3-5-3 大红袍茶汤与叶底

(2) 铁罗汉 是最早的名丛。茶树生长在武夷山慧宛岩的鬼洞,即蜂窠坑。其干茶条索狭长,外形紧结,色泽绿褐,香气浓厚,汤色橙黄、明亮,火焙味后带花香;滋味微涩,带浓厚甘鲜并持久,岩韵显,叶底肥厚软亮,带朱红边,如图3-5-4和图3-5-5所示。

图3-5-4 铁罗汉干茶

图3-5-5 铁罗汉茶汤与叶底

(3) 白鸡冠 其名早在明代已有传闻,早于大红袍。茶树原生长在武夷山慧苑岩火焰峰下外鬼洞和武夷山公祠后山,芽叶奇特,叶色淡绿,绿中带白。芽儿弯弯又毛茸茸的,形态就像白锦鸡头上的鸡冠,故名白鸡冠。由于制作原因,无论干叶、湿叶都现黄色成分。这是其独特之处。干茶茶型匀整,色泽米黄带白,茶汤橙黄明亮,滋味纯和,回甘尚远;叶底黄中带红,匀整、肥厚、有光泽,如图3-5-6和图3-5-7所示。

图3-5-6 白鸡冠干茶

图3-5-7 白鸡冠茶汤与叶底

（4）水金龟　产于武夷山牛栏坑葛寨峰下半崖上，成茶外形条索紧细，色泽墨绿带润，略起白砂，干茶香浓，轻火功型。细看一条干茶，具有三节色，即一根茶条同时具有柄端的青色、叶边缘的红色和叶片当中的黑色；香气清细幽远，浓郁带甜香，滋味甘醇浓厚，汤色金黄，叶底软亮，如图 3－5－8 和图 3－5－9 所示。

图 3－5－8　水金龟干茶

图 3－5－9　水金龟茶汤与叶底

（5）肉桂　由肉桂茶树品种鲜叶加工而成，分特级、一级和二级。条索匀整、紧结，色泽青褐，油润有光，部分叶背有青蛙皮状小白点；冲泡后，以有淡雅的肉桂香而著称；滋味醇厚回甘，汤色橙黄清澈，叶底匀亮，红边明显，如图 3－5－10 和图 3－5－11 所示。

图 3－5－10　肉桂干茶

图 3－5－11　肉桂茶汤与叶底

（6）水仙　茶树为半乔木型，叶片比普通小叶种大一倍以上。因产地不同，虽同一品种制成的青茶，如武夷水仙、闽北水仙和闽南水仙，其品质差异甚大，以武夷水仙品质最佳。其品质特征是条索肥壮、紧结、匀整，叶端褶皱扭曲，色泽青褐鲜润，部分起蛙皮状小白点，油润有光，具三节色特征；内质香气浓郁清长，岩韵显，汤色金黄，深而鲜艳，滋味浓厚而醇，具有爽口回甘的特征；叶底肥软明净，绿叶红边，如图 3－5－12 和图 3－5－13 所示。

本山与铁观音的品质区别

2. 闽南青茶

闽南青茶按鲜叶原料的茶树品种可分为铁观音、黄金桂、本山、色种等。

安溪铁观音产于闽南安溪县既是茶名，也是茶树名，因叶体沉重如铁，形美如观音而得名。优质的铁观音条索壮实沉重，多呈螺旋形，色砂绿，光润，间有红点，青蒂绿腹，状似蜻蜓头，表面带白霜；冲泡后汤色金黄，香气馥郁，入口回甜，且极耐冲泡，有“七泡有余香”之说；

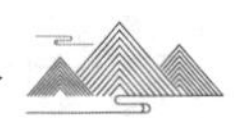

图 3-5-12 水仙干茶

图 3-5-13 水仙茶汤与叶底

叶底开展，青绿红边，肥厚明亮，如图 3-5-14 和图 3-5-15 所示。铁观音与其他青茶的最大不同是香气成分最为丰富，茶香独特，具有天然兰花香，馥郁持久，有人称为观音韵。其成品茶分为清香型和浓香型。

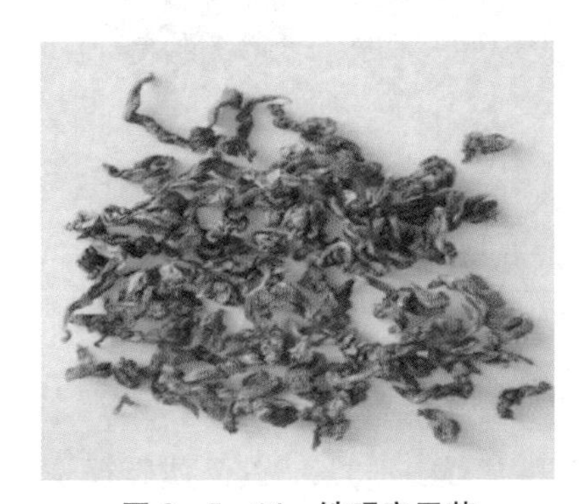
图 3-5-14 铁观音干茶

图 3-5-15 铁观音茶汤与叶底

(二) 广东青茶

1. 凤凰单丛

凤凰单丛产于潮州市凤凰山区，是从国家级良种凤凰水仙群体品种中选育出的优异单株，其成品茶品质优异，花香果味沁人心脾，具独特的山韵。据《潮州凤凰茶树资源志》介绍，凤凰茶具有自然花香型 79 种，天然果味香型 12 种，其他香型 16 种。用这些优异单株鲜叶制成的茶，如黄枝香茶、芝兰香茶、桂花香等青茶，既是茶树品种名称，又是成品茶的茶名。

一词多义的凤凰水仙

如图 3-5-16 和图 3-5-17 所示，凤凰单丛干茶外形条索肥壮、紧结、重实，匀整挺直，

图 3-5-16 凤凰单丛干茶

图 3-5-17 凤凰单丛茶汤与叶底

色带褐似鳝皮色，油润有光；内质香气清高悠深，具天然的花香；汤色橙黄清澈明亮，沿碗壁呈金黄色彩边，滋味浓爽，润喉回甘；叶底边缘朱红，叶腹黄亮；多次品饮茶韵犹存；特色闻名海内外，港澳同胞及东南亚侨胞更是嗜饮，视为乌龙茶中之珍品。

2. 岭头单丛

如图 3－5－18 和图 3－5－19 所示，岭头单丛又称白叶单丛，由饶平县岭头村茶农从凤凰水仙群体品种中选育而成，属早芽种，叶长椭圆形，叶色黄绿，叶质柔软；条索紧结，重实匀净，色泽黄褐光艳；内质香气甘芳四溢，蜜韵深远，汤色蜜黄，清新明亮，滋味浓厚，回甘力强而快，风味独特，饮后有甘美怡神、清新爽口之感。

图 3－5－18　岭头单丛干茶

图 3－5－19　岭头单丛茶汤与叶底

（三）台湾青茶

1. 轻发酵青茶

清香乌龙茶及部分轻发酵包种茶属此类，发酵程度 15%～30%。其品质特征是色泽青绿（似绿茶），冲泡后汤色黄绿，花香突出，叶底青绿，基本上看不出有红边现象。

文山包种茶产于台湾台北市文山区，因成茶包成长方形而得名。成品茶条索紧结、稍长，呈自然弯曲，外形色泽有油光，呈深绿色（似绿茶），具有青蛙皮一样的灰白点；冲泡后汤色黄绿，香气高甜，花香突出，有兰花香，滋味甘醇纯正，回甘力强，叶底青绿，基本上看不出有红边现象，如图 3－5－20 和图 3－5－21 所示。

图 3－5－20　文山包种干茶

图 3－5－21　文山包种茶汤与叶底

2. 中发酵青茶

中发酵青茶主要有冻顶乌龙、木栅铁观音和竹山金萱等，发酵程度为 30%～40%。其外

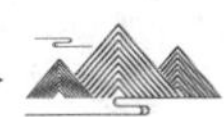

形为半球形颗粒状，也有曲卷状。

台湾冻顶乌龙是台湾最有名的乌龙茶，又称软乌龙，产自 700～1 500 米的高山地带，终年云雾缭绕。干茶呈墨绿色，半球形，外形肥壮重实；汤色金黄清澈，有花香和甜香，滋味浓醇；叶底多数黄绿，看得出有少量红边，如图 3－5－22 和图 3－5－23 所示。

图 3－5－22 冻顶乌龙干茶

图 3－5－23 冻顶乌龙茶汤与叶底

3. 重发酵青茶

重度发酵的青茶包括台湾乌龙、白毫乌龙、红乌龙等，发酵程度可达 70%。

白毫乌龙又称东方美人、福寿茶、膨风茶，主要产于台湾地区北部。因成品茶显白毫，于青茶中少见，故名白毫乌龙。控制发酵程度在 50%～60%。其色泽乌褐，冲泡后，汤色橙红，成品茶产生独特的蜜糖香或熟果香，滋味圆柔醇厚。外形枝叶连理，白毫显露，白、黄、褐红三色相间，犹如花朵，如图 3－5－24 和图 3－5－25 所示。

图 3－5－24 白毫乌龙干茶

图 3－5－25 白毫乌龙茶汤与叶底

知识链接

云南青茶

云南腾冲位于滇西南，与缅甸接壤，通往泰国、新加坡、印度、孟加拉国等，是有名的古丝绸之路和茶马古道，被徐霞客誉为极边第一城。2004 年，腾冲从台湾引种乌龙茶良种青心乌龙种植成功，现今已规模达 3.1 万亩。具有外形肥壮圆结，色泽乌绿，内质香气果香蜜香，茶汤蜜绿明亮，滋味清醇回甘，叶底肥厚柔韧的品质特点，如图 3－5－26 和图 3－5－27 所示。

图 3-5-26　腾冲乌龙干茶

图 3-5-27　腾冲乌龙干茶茶汤与叶底

任务评价

青茶识别评分表

姓名：　　　　　　　　学号：

项目	要求和评分标准	分值	组内评分	教师评分	最终得分
茶样辨识 40分	规范摆放及整理茶样及样茶盘	5			
	观察干茶外形，准确说出5种青茶的茶名及产地	20			
	观察干茶外形，准确说出5种青茶所属分类	15			
描述特点 30分	说出指定青茶的干茶外形特点	10			
	说出指定青茶冲泡后的滋味特点	10			
	说出指定青茶冲泡后的叶底特点	10			
知识问答 30分	结合产地与品质特点介绍一款自己喜欢的青茶	20			
	简述青茶的加工工艺	10			
合计		100			

任务6　品鉴红茶

学习目标

1. 了解红茶的产生与发展。
2. 掌握红茶的品质特征和制作工艺。
3. 熟悉红茶的分类。
4. 熟悉红茶的代表名茶。

任务描述

全球红茶的生产和消费地区分布不一致，印度、肯尼亚、斯里兰卡是最主要的红茶生产、出口国，占全球红茶产量的60%，而美国、俄罗斯、英国等国家则是全球主要的消费国家。国内的红茶消费市场以工夫红茶为主。本任务详细观察代表性茶样，了解不同红茶的外形特点，以及制作工艺、茶品品质特点，在具体的茶事服务中，能讲好红茶，品鉴好红茶。

任务分析

本次任务的学习重点是红茶产生发展的历史脉络、红茶的品质特征和代表名茶；学习难点是红茶的制作工艺，以及从茶叶的外形、香气、滋味等方面正确区分不同种类的红茶。

任务准备

名称	数量	已取	已还	名称	数量	已取	已还
样茶盘	5			茶叶品鉴杯碗勺	5套		
随手泡	1			正山小种	5 g		
九曲红梅	5 g			祁门红茶	5 g		

续 表

名称	数量	已取	已还	名称	数量	已取	已还
滇红工夫	5 g			宁红工夫	5 g		
茶样标签	5						

任务实施

本任务的学习流程：理论学习红茶的制作工艺—红茶的分类—红茶的代表名茶—器具与茶样的领取与准备—红茶的识别。

一、红茶的产生与发展

红茶始于16世纪初期，最早产于福建崇安（现武夷山市），后传入闽北诸县、江西修水、安徽祁门和湖北宜昌的等地，是全球茶叶消费量和贸易量最大的茶类。

1610年，小种红茶首次出口荷兰，接着陆续运销英、德、法等欧洲国家，开启红茶风靡世界之旅。18世纪，随着红茶生产规模扩大，以及红茶价格日趋低廉，红茶消费人群由皇室逐渐走向民众，成为英国、荷兰等国人民生活中不可或缺的饮品。

18世纪中叶，我国在小种红茶生产技术的基础上，创制出了加工更为精细的工夫红茶，使得红茶的生产和贸易达到了前所未有的鼎盛时期，在世界红茶产销舞台独领风骚。

20世纪初期，红碎茶逐渐取代工夫红茶，成为国际茶叶市场主销产品，随着红茶制造机械的发展，CTC红碎茶所占的生产比例不断增加，传统工艺生产的红碎茶和工夫红茶在世界红茶消费市场占比也不断下降。

我国目前红茶生产以工夫红茶为主，小种红茶数量较少，红碎茶的产销量随国际红茶市场的需求不断变化，但总体产量一般。国内生产的红碎茶以中低档茶为主，成本较高，在国际红茶市场上竞争力不足。内销市场以工夫红茶为主，历史悠久的工夫红茶如祁红、滇红等，有广阔的消费市场。

二、红茶的品质特征与制作工艺

红茶是全发酵茶，红汤红叶是红茶品质的基本特征。红茶制法的基本工序为萎凋、揉捻（揉切）、发酵、干燥。

萎凋是红茶初制的第一道工序，也是形成红茶品质的基础工序。萎凋既有物理方面的失水作用，也有内含物质的化学变化过程。

揉捻（切）是工夫红茶和红碎茶塑造外形和形成内质的关键工序。工夫红茶要求外形条索紧结美观、内质滋味浓厚，这取决于揉捻时叶片卷紧程度和细胞组织破坏程度。

红茶揉捻

如图3-6-1所示，发酵是红茶加工中最重要的工艺步骤，也是形成红茶特优品质的关键。

红茶发酵始于揉捻开始阶段，是以酶促氧化和聚合反应为主线的一系列化学反应过程。

图 3－6－1　红茶发酵

伴随着多酚类物质的剧烈变化和茶黄素、茶红素和茶褐素等氧化产物的生成。茶黄素是决定红茶汤色亮度和鲜爽度的主要成分，优质红茶茶汤有明显的金圈。茶红素是红茶茶汤呈红色的主要物质，与茶汤浓强度有关。

当茶汤温度下降到 16℃左右时，茶汤中的茶黄素、茶红素与咖啡碱结合产生的络合产物，即冷后浑。红茶茶汤冷却后形成的棕色乳浊状凝体，多见于优质大叶类茶及红碎茶。

红茶干燥

干燥是最后一道决定品质的工序，一般采用烘干，分两次。第一次称为毛火，第二次称为足火。毛、足火中间需摊晾。

三、红茶的分类

红茶因干茶色泽偏深，红中带乌黑，所以英语中称红茶为“black tea”。红茶分小种红茶、工夫红茶和红碎茶三种，品质特征各异，见表 3－6－1。

表 3－6－1　常见红茶名品

红茶分类	小种红茶	工夫红茶	红碎茶
红茶名品	正山小种、坦洋小种、政和小种等	祁红、滇红、宁红、宜红、闽红、英德等	叶茶、碎茶、片茶、末茶等

小种红茶可以分为正山小种和外山小种，一般以正山小种为优。正山小种意为“高山地区所产”，主产地位于武夷山星村镇桐木村一带。18 世纪中叶至 19 世纪中叶，随着出口贸易的发展，需求量增多，在小种红茶的工艺上做了一些改变，在干燥时不经过熏焙。

因为制作精良、颇费工夫，因而得名工夫红茶，品类多、产地广。我国历史上先后有 12 个省区生产，通常按照产地命名，如滇红工夫、祁红工夫、宁红工夫、宜红工夫、闽红工夫、台湾工夫、粤红工夫等。

红碎茶是外销茶类，适应国际市场不同地区消费者的需求，红碎茶的品质风格也不同。叶茶是带有金黄茶毫的短条形红茶；碎茶外形较叶茶细小，呈颗粒状或长粒状，是红碎茶的主要产品；片茶是小片形红茶，质地较轻；末茶外形呈沙粒状，滋味浓强，因其冲泡容易，是袋泡茶的好原料。

四、红茶的代表性名茶

1. 正山小种

福建武夷山桐木关的正山小种是世界红茶的鼻祖，创制于1568年。自15～16世纪开始就成为葡萄牙、荷兰、英国皇室御用珍品，被誉为茶中皇后。

正山小种红茶的加工工艺独特，包括鲜叶—萎凋—揉捻—发酵—过红锅—复揉—熏焙六道工序。其品质特点为外形条索肥实、色泽乌润、汤色红浓、香气高长带松烟香，滋味醇厚浓而爽口，带有桂圆汤味，茶汤甘醇，常用“松烟香，桂圆汤”来形容，如图3-6-2和图3-6-3所示。正山小种的干燥用松柴明火烘干，所以茶汤中有独特的松烟香味。

2005年，在正山小种红茶传统工艺基础上创制金骏眉，是正山小种红茶创新工艺的高端毫尖红茶。

图3-6-2　正山小种干茶

图3-6-3　正山小种茶汤和叶底

2. 祁门红茶

原产于安徽祁门的祁门红茶创制于1876年，是我国传统工夫红茶的珍品，采用祁门当地茶树品种槠叶种（也称祁门种）为原料，属于中叶类茶。

祁门红茶在世界红茶消费市场深受消费者的喜爱，有“祁门香，群芳最”的说法。被公认为高档红茶，和印度大吉岭、斯里兰卡乌瓦红茶，并称为世界三大高香红茶。

祁红外形条索细秀而稍微弯曲，金黄芽毫显露，苗峰秀丽，色泽乌润；香气似花、似果、似蜜，持久不散，汤色红亮，叶底红匀明亮，清饮可以领略祁门红茶的特殊香味，加奶、加糖调饮风味别具一格，如图3-6-4和图3-6-5所示。

图3-6-4　祁门红茶干茶

图3-6-5　祁门红茶茶汤和叶底

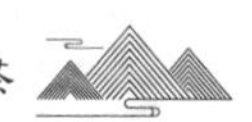

3. 宁红工夫

宁红工夫主产于江西省修水(古称宁州)、武宁、铜鼓县。宁红工夫的品质与祁红工夫很接近,高档茶外形紧结圆直,锋苗挺拔,色泽乌润;内质甜香高长,滋味甜醇;汤色红亮有金圈;叶底红亮,如图3-6-6和图3-6-7所示。

图3-6-6　宁红工夫干茶

图3-6-7　宁红工夫茶汤和叶底

宁红约于19世纪中叶开始生产。《修水县志》记载,清光绪十七年(1892年)红茶产量已达到20万担(1万吨),成为我国当时红茶生产的主要产区和红产出口的重要基地。

4. 九曲红梅

九曲红梅也叫九曲乌龙,主产于浙江省杭州西南郊周浦乡灵山一带,以湖埠所产品质最佳。九曲红梅曾是西湖博览会的十大名茶之一,制茶工艺源自武夷山九曲的细条红茶。

九曲红梅外形弯曲紧结、细秀如钩,色泽乌润显毫;香气馥郁,兰花香显;汤色红艳鲜亮,滋味鲜爽,如图3-6-8和图3-6-9所示。其汤色与香气清如红梅,故得名九曲红梅。

图3-6-8　九曲红梅干茶

图3-6-9　九曲红梅茶汤和叶底

5. 滇红工夫

滇红工夫是以云南大叶种为原料制作的大叶种工夫红茶,1938年由中国茶叶贸易股份有限公司派冯绍裘、范和钧等,到顺宁(今凤庆)试制成功。现主产于云南省临沧市、普洱市、西双版纳州、保山市,以临沧凤庆县、保山昌宁县最具代表性。滇红工夫外形条索紧结,肥硕雄壮,干茶色泽乌褐油润,金毫显露;内质汤色红艳明亮,香气甜香浓郁、馥郁高长,滋味浓厚鲜爽，富有刺激性；叶底红匀明亮，优质滇红杯子边缘会有一道金圈，茶汤会出现冷后浑现象，如图3-6-10和图3-6-11所示。

图3-6-10　滇红工夫干茶

图3-6-11　滇红工夫茶汤和叶底

1958年滇红被指定为外交礼茶；1986年，凤庆茶厂生产的滇红工夫茶金芽珍品作为国礼馈赠到访的英国伊丽莎白女王；2014年11月，凤庆滇红茶制作技艺列入国务院第四批国家级非物质文化遗产名录，并授予中国地理标志商标。

20世纪末，滇红工夫仍主销俄罗斯及东欧。使用滇红茶制作调饮时，加入牛奶和糖制成的奶茶风味独特，受到广大消费者的喜爱。

6. 英德红茶

英德红茶也称英红、粤红工夫，是大叶种工夫红茶的代表之一，产于广东省英德市，故名英德红茶。英德红茶创制于1959年，在20世纪80年代成为我国知名的红茶品牌，在德国、英国、美国、波兰、苏丹、澳大利亚等70多个国家地区畅销。

英德红茶条索肥嫩紧结，色泽乌润，显金毫；香气浓郁，汤色红艳，滋味浓醇；饮后甘美神怡，清鲜可口，如图3-6-12和图3-6-13所示。加奶、糖调饮之后，色香味俱佳。

图3-6-12　英德红茶干茶

图3-6-13　英德红茶茶汤和叶底

7. CTC红碎茶

红碎茶也叫切细红茶，是目前国际茶叶市场的主销品种，占世界红茶产销总量的95%以上。因揉切方式不同，分为传统红碎茶、CTC(crush tear curl)红碎茶、LTP红碎茶、转子红

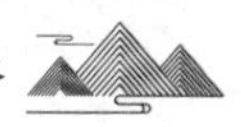

碎茶、不萎凋红碎茶。CTC 红碎茶是红碎茶的代表性茶品。根据碎茶的形状，可以分为条形、颗粒形、片末形红碎茶。

CTC 红碎茶经过萎凋、CTC 揉切、发酵、干燥四道工序制成。因初制叶经过充分揉切，细胞破坏率高，有利于多酚类酶氧化和冲泡，形成香气高锐持久，滋味浓强鲜爽，加牛奶、加糖之后仍有较强的茶味品质特征。

红茶辨识及品鉴评分表

姓名：　　　　　　　　学号：

项目	要求和评分标准	分值	组内评分	教师评分	最终得分
茶样辨识 40 分	规范摆放及整理茶样及样茶盘	5			
	观察干茶外形，准确说出 5 种红茶的茶名及产地	20			
	观察干茶外形，准确说出 5 种红茶所属分类	15			
描述特点 30 分	说出指定红茶的干茶外形特点	10			
	说出指定红茶冲泡后的滋味特点	10			
	说出指定红茶冲泡后的叶底特点	10			
知识问答 30 分	结合产地与品质特点介绍一款自己喜欢的红茶	20			
	简述红茶的加工工艺	10			
合计		100			

扫描二维码，了解更多红茶知识：红茶的其他茶品和世界三大高香红茶。

能力拓展

任务 7　观察黑茶与紧压茶

学习目标

1. 了解黑茶的产生与发展。
2. 掌握黑茶的品质特征和制作工艺。
3. 熟悉黑茶的分类。
4. 熟悉黑茶的代表名茶。

任务描述

详细观察黑茶代表性茶样，了解不同黑茶的外形特点，以及制作工艺及其品质特点，掌握黑茶的历史及基本知识。

任务分析

本任务重点掌握的知识是黑茶的品质特征、黑茶的分类和代表名茶；学习难点是理解黑茶的制作工艺，通过茶叶的外形、香气、滋味等感官特征识别出名优黑茶。

任务准备

名称	数量	已取	已还	名称	数量	已取	已还
样茶盘	5			茶叶品鉴杯碗勺	5 套		
随手泡	1			普洱茶(熟茶)	5 g		
湖南茯砖	5 g			湖北青砖茶	5 g		
广西六堡茶	5 g			陕西泾阳茯茶	5 g		
茶样标签	5						

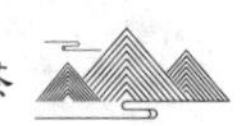

任务实施

本任务的学习流程：理论学习黑茶的制作工艺—黑茶的分类—黑茶的代表名茶—器具与茶样的领取与准备—黑茶的识别。

黑茶是我国特有的茶类之一，也是边疆少数民族日常生活中不可缺少的饮品。藏区土谚云："汉人饭饱肚，藏人水饱肚。"

一、黑茶的产生与发展

早期的蒸青团饼绿茶由于长时间的烘焙干燥和长时间的非完全密封运输贮存，湿热氧化作用导致绿色变褐色，成为黑茶的原始雏形。北宋熙宁年间(1074)，四川采用绿毛茶做色变黑，蒸压成形，制成乌茶，与西北交换马匹。

明代嘉靖三年(1524)，御史陈讲疏记载了黑茶的生产："商茶低伪，悉征黑茶……每十斤蒸晒一篦，送至茶司，官商对分，官茶易马，商茶给卖。"当时湖南安化采用绿茶湿坯堆积渥堆，松材明火干燥法制作，使干茶色泽变黑变褐，故名黑茶。安化黑茶多运销边区以交换马匹，巩固中原的政治和军事力量。这种"以茶易马""以茶治边"的制度自唐朝至清朝，成为中原统治阶级治理边区的一大重大政治谋略。

二、黑茶的品质特征与制作工艺

茶马古道

黑茶的初制工艺有杀青、揉捻、渥堆、干燥。渥堆是黑毛茶色、香、味品质形成的关键工序。由于特殊的加工工艺，使黑毛茶香味醇和不涩，汤色橙黄不绿，叶底黄褐不青，形成独具特色的品质风格。

如图3-7-1所示，渥堆是黑茶制作过程中的发酵工艺，也是决定黑茶品质的关键点，是指将毛茶堆放成一定高度(通常在70厘米左右)后洒水，上覆麻布，使之在湿热作用下发酵24小时左右，待茶叶转化到一定的程度后，再摊开来晾干。有的采用毛茶干坯渥堆，如湖北老青茶和四川茯砖茶；有的采用毛茶湿坯渥堆，如湖南黑茶和广西六堡茶；有的采用晒青毛茶后发酵，如云南普洱茶(熟茶)。

图3-7-1 渥堆

三、黑茶的分类

我国黑茶种类较多，加工技术不同，品质不一。按照生产地域分类，具有代表性的有湖南的天尖、贡尖、生尖，以及黑砖、花砖、花卷、茯砖茶；四川的康砖、芽细、金尖、茯砖、方包茶；云南的普洱茶、普洱方砖茶、普洱沱茶、七子饼茶；湖北的赵李桥青砖茶；陕西的泾阳茯茶；广西的六堡茶等。

四、黑茶的代表性名茶

1. 普洱茶（熟茶）

普洱茶有着悠久的历史，东晋的《华阳国志 · 巴志》中记载：公元前 1066 年，周武王伐纣，得到西南濮国等 8 个小国的支持，献给武王的贡品是丹漆、茶、蜜，濮人是普洱府最早的原住民，是佤族、布朗族的祖先。由此看来，普洱府产茶的历史可追溯到 3 000 多年前。文字记载最初提到普洱茶名称是明朝谢肇淛（1620 年）在《滇略》（卷三）："士庶所用，皆普茶也，蒸而成团"。《本草纲目拾遗》写道："普洱茶出云南普洱府。"普洱府即现在的普洱市，周围各地所产茶叶运至普洱府集中再运销康藏各地，普洱茶因此得名。

到 20 世纪 70 年代初，为满足消费者的需要，云南茶叶公司组织力量研制成功普洱茶加工的后发酵工艺，1975 年人工渥堆发酵技术在昆明茶厂试制成功，从此普洱茶从不可控的自然发酵走向可控的人工发酵，普洱茶产业也迎来了工业化发展。

《地理标志产品：普洱茶》（GB/T 22111－2008）规定，普洱茶是以地理标志保护范围内的云南大叶种晒青茶为原料，并在地理标志保护范围内采用特定的加工工艺制成。按其加工工艺及品质特征，普洱茶分为生茶和熟茶两种类型。

普洱茶压饼工艺

晒青茶的加工工艺为鲜叶摊放、杀青、揉捻、解块、日光干燥、包装；普洱茶（熟茶）散茶是指经过晒青茶后发酵、干燥、精制、包装后的产品。普洱茶（熟茶）紧压茶是普洱茶（熟茶）散茶经过蒸压成型后干燥和包装的产品。普洱茶（熟茶）的品质特征为外形条索紧结匀整，红褐或褐红润较显毫，内质香气陈香浓郁，滋味醇厚回甘，汤色红浓明亮，叶底红褐匀亮柔软，如图 3－7－2 和图 3－7－3 所示。

图 3－7－2　普洱茶（熟茶）干茶

图 3－7－3　普洱茶（熟茶）茶汤与叶底

后发酵是云南大叶种晒青茶或普洱茶（生茶）在特定的环境条件下，经微生物、酶、湿

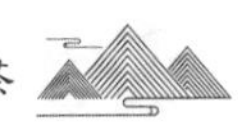

热、氧化等综合作用，其内含物质发生一系列转化，而形成普洱茶（熟茶）独有品质特征的过程。

2. 湖南茯砖

茶在经四川后迅速向两湖区域传播，湖南公元前3世纪已经种茶和饮茶，境内的茶陵则最迟在西汉时已因产茶而著名。茯砖茶原产陕西泾阳，叫泾阳砖。1953年安化砖茶厂试制成功，随后在湖南安化、益阳、桃江等地相继成产。

茯砖茶是采用黑毛茶为原料再加工的紧压型黑茶，按原料老嫩分特制茯砖茶和普通茯砖茶。湖南茯砖茶品质特征为外形平整、棱角分明，厚薄一致，松紧适度，金花普遍茂盛，内质要求汤色橙黄，香气纯正或带有松烟香，具有菌花香，滋味醇和，叶底黄褐较匀。

发花是茯砖茶加工的独特工序，也是茯砖茶风味品质形成的关键工序，是在一定温湿度条件下，冠突散囊菌（俗称金花）大量生长繁殖，如图3-7-4所示，经物质代谢及分泌胞外酶的作用，形成茯砖茶独特的风味。

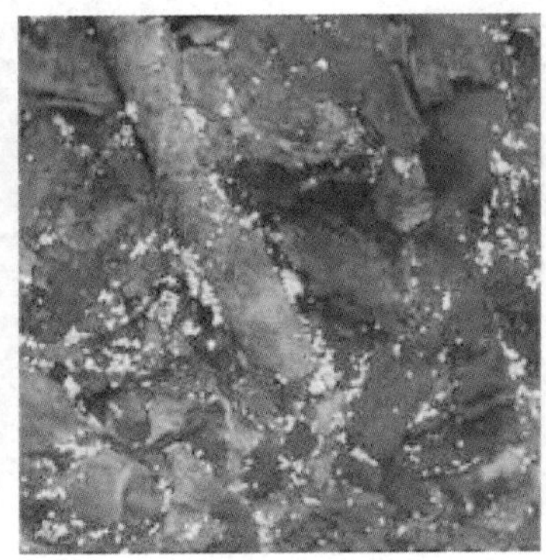

图3-7-4　湖南茯砖的金花

3. 广西六堡茶

六堡茶散茶因原产于广西苍梧县六堡乡而得名。其品质特征是外形紧结重实、匀齐，黑褐油润；内质香气纯正或带有槟榔香味，汤色红浓，滋味醇厚，叶底红褐柔软，如图3-7-5和图3-7-6所示。

图3-7-5　广西六堡茶干茶

图3-7-6　广西六堡茶茶汤与叶底

4. 湖北青砖茶

青砖茶又称老青砖，主产于湖北蒲圻之羊楼洞等地，因地处湘鄂交界地带，境内气候湿润，且多黄色沙壤土，适宜茶树栽培，产茶丰富，故为青砖茶之制造中心。

青砖茶深受蒙古族人喜爱，现代蒙古族使用青砖茶或黑砖茶作为熬制咸奶茶的原料。

青砖茶的制作工序，大致分为初制毛茶、复制包茶和精制砖茶三部分。以老青茶为主要原料，经过蒸汽压制定型、干燥、成品包装等工艺过程制成。品质特征为外形砖面光滑、棱角整齐、紧结平整；色泽青褐、压印纹理清晰，砖内无霉菌；内质香气纯正、滋味醇和、汤色橙红、叶底暗褐，如图 3－7－7 和图 3－7－8 所示。

图 3－7－7 湖北老青砖干茶

图 3－7－8 湖北老青砖茶汤与叶底

5. 四川雅安藏茶

据《四川茶业史》记载，清光绪三十四年(1908 年)，为抗击英国侵略，抵制印茶入藏，川滇边务大臣赵尔丰兄弟共同主持，在雅安挂牌成立商办藏茶公司筹办处，“藏茶”之名从此诞生。

雅安藏茶是在雅安市辖行政区域内，以一芽五叶以内的茶树新梢(或同等嫩度对夹叶)为原料，采用南路边茶的核心制作技艺，经杀青、揉捻、干燥、渥堆、精制、拼配、蒸压等特定工艺制成，具有褐叶红汤、陈醇回甘的独特品质。藏茶毛茶分为初制藏茶毛茶和复制藏茶毛茶。

6. 陕西泾阳茯茶

茯砖的发花工艺创制于陕西泾阳。茯茶起初是散茶，后来为了便于运输，逐步把散茶制成茶砖，俗称咸阳茯砖茶，又称咸阳砖。茯砖茶定型于明洪武元年(1368 年)前后。当时咸阳茯砖茶除销往西域各地外，更远销至西番、波斯等 40 余个国家。具有“消悍肉之腻，解青稞之热”的功效，被誉为古丝绸之路上的“神秘之茶”“生命之茶”。2006 年起，老茶工们不断搜集制茶历史资料，在陕西省政府和省供销社的支持下，恢复了具有 600 多年历史的生产制作工艺。2011 年，“茯茶制作工艺”被列入陕西省非物质文化遗产名录。

茶体紧结，色泽黑褐油润、金花茂盛、清香持久、陈香显露，汤色清澈、红浓，醇厚回甘绵滑，如图 3－7－9 和图 3－7－10 所示。

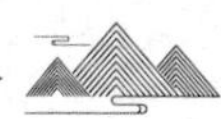

图3-7-9　泾阳茯茶干茶

图3-7-10　泾阳茯茶茶汤与叶底

任务评价

黑茶辨识及品鉴评分表

姓名：　　　　　　　　　　学号：

项目	要求和评分标准	分值	组内评分	教师评分	最终得分
茶样辨识 40分	规范摆放及整理茶样及样茶盘	5			
	观察干茶外形，准确说出4种黑茶的茶名及产地	20			
	观察干茶外形，准确说出4种黑茶的工艺特点	15			
描述特点 30分	说出指定黑茶的干茶外形特点	10			
	说出指定黑茶冲泡后的滋味特点	10			
	说出指定黑茶冲泡后的叶底特点	10			
知识问答 30分	结合产地与品质特点介绍一款自己喜欢的黑茶	20			
	简述普洱茶的加工工艺	10			
合计		100			

能力拓展

扫描二维码，了解更多黑茶知识：黑茶的保健功效。

能力拓展

任务8　细品花茶与再加工茶

学习目标

1. 了解再加工茶的含义与类型。
2. 了解花茶的产生与发展。
3. 熟练掌握花茶的制作工艺。
4. 掌握花茶的代表名茶。

任务描述

再加工茶是以基本茶类为原料再次加工而得到的茶类，种类繁多。现需要你了解花茶的制作工艺和品质特征，能识别中国有代表性的名优花茶，进而能解答顾客有关花茶的问题。

任务分析

本次任务的学习重点是花茶的品质特征和代表名茶；学习难点是花茶的制作工艺以及从茶叶的外形、香气、滋味等方面正确区分不同种类的花茶。

任务准备

名称	数量	已取	已还	名称	数量	已取	已还
茶荷	2			茶叶品鉴杯碗勺	2套		
随手泡	1			碧潭飘雪	5 g		
桂花龙井	5 g			茶样标签	5		

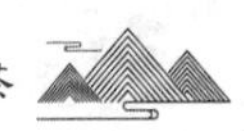

任务实施

本任务的学习流程：理论学习花茶的制作工艺—花茶的代表名茶—器具与茶样的领取与准备—花茶的识别。

一、再加工茶

1. 紧压茶

紧压茶是以红茶、绿茶、白茶、乌龙茶、黑茶为原料经过加工蒸压成一定形状后而制成的茶。黑茶是压制紧压茶的主要原料，品种丰富、产量多，主要有普洱沱茶、饼茶，湖南的茯砖，四川的康砖，湖北的老青砖等。

红茶紧压茶有湖北的小京砖、米砖等。绿茶紧压茶有重庆沱茶、云南的竹筒茶、广西的粑粑茶等。乌龙茶紧压茶有福建的水仙饼茶(图 3-8-1)等。

图 3-8-1 水仙饼茶

各种紧压茶加工工艺不完全相同，品质风格也有区别。紧压茶茶味醇厚，具有较强的消食去腻功效，便于运输和贮藏。

2. 茶饮料

茶饮料是以茶叶作为主要原料，经科学加工，提取茶液而成的含茶饮料，可分为纯茶饮料和添味茶饮料两大类。纯茶饮料是提取茶液原液，不添加其他添加剂，具有原茶的色、香、味，清澈而无沉淀物。添味茶饮料是在提取的原液中添加各种辅料。果味茶是在茶中加入果汁制成的茶饮料，如柠檬红茶、橘汁茶等。

3. 添加味茶和保健茶

在茶叶中添加其他材料产生新的口味，称添加味茶，如茶叶配上草药的草药茶、八宝茶等。药用保健茶是在茶中加入中药，加强防病治病的功效。保健茶种类繁多，功效也各不相同，如具有减肥降血脂功效的减肥茶、有降低血压功效的降压茶等。

4. 茶粉和抹茶

茶粉是用茶叶磨成粉末而成的，颜色因茶因异，绿茶粉翠绿，青茶粉茶黄绿，红茶粉茶褐色。

5. 工艺花茶

工艺花茶(图 3-8-2)又称艺术茶、特种工艺茶，是以茶叶和可食用花卉为原料，经整形、捆扎等工艺制成，外观造型各异，冲泡时，可在水中开放出不同形态。根据产品冲泡时的动态艺术感，分为绽放型、跃动型和飘絮型三类。

二、花茶的产生与发展

花茶是根据茶叶和香花具有的吸香和吐香的特性，将茶叶和香花窨制，使茶叶充分吸收

图 3-8-2　工艺花茶

花香而制成的一种特殊茶类，又称窨花茶、熏花茶或香片，主要产区有广西、福建、广东、四川、云南、重庆等地。用于窨制花茶的茶胚主要是烘青绿茶，还有部分是长炒青，少量珠茶、红茶、乌龙茶。用于窨制花茶的鲜花有茉莉花、白兰花、珠兰花、桂花、玫瑰花、栀子花等。

花茶是我国独有的茶叶品类，早在宋朝(960 年)就有在上等绿茶中加入龙脑香(一种香料)作为贡品。到宋朝后期，恐影响茶之真味，不主张用香料熏茶。

明朝是中国茶类大发展时期，出现“茶引花香，以益茶味”的制法，与现行的工艺原理是相通的，这时才称得上真正的花茶，但其量不多。《本草纲目》中就有“茉莉可熏茶”的记载，证实了茉莉花茶早在明朝就有生产。

清咸丰年间(1851～1861 年)，福州已有大规模茶作坊进行商品茉莉花茶生产。远销华北，特别是津京地区，深受北京市民的喜爱。因此有福州是中国茉莉花茶的发祥地一说。

花茶的品质取决于两个因素：茶坯(基茶)的质量和窨花的次数。基茶的质量越好，所制成的花茶的质量越好；花茶香气的高低，取决于所用鲜花的数量和窨制的次数，数量和次数越多，香气越高。

花茶的茶色与基茶有关，一般是基茶的颜色，但是由于花茶制作过程中多次窨制加工，茶叶有一定程度的氧化，因此，颜色往往比基茶的颜色深、暗。花茶一般保持基茶的外形。而由于在制作过程中有一定的影响，花茶的完善程度不及基茶。

好的花茶要求花香浓郁、持久、鲜灵度好，既有浓郁爽口的茶味，又有鲜灵芬芳的花香，茶汤入口绵软，留香持久，令人心旷神怡。尤其秋后出产的花茶，吸香特佳。

三、花茶的制作工艺

花茶茶坯

1. 茶坯处理

将茶坯干燥、摊凉，传统茶坯要先复火干燥，然后冷却处理，目的是增强吸香。

2. 鲜花处理

根据香气的特性，鲜花分为气质花跟体质花。简单来说，气质花的花香是随着花蕾成熟开放的过程中挥发出来的，像茉莉花、梅花、兰花。体质花的香精油以游离态存在花瓣之中，无论花蕾还是开放后，香气都会一直挥发，像玫瑰花、白兰花。

区分花茶与花草茶

鲜花采摘回来后，要摊晾、伺花、筛选和处理。不同类型的花，处理也不太一样。茉莉花最重要的是伺花跟筛花；而玫瑰花或者白兰花就需要进一步地折花折瓣。

3. 窨花拌和

一般来说，拌和花与茶叶按照一层茶叶一层花的方式，也有直接按照比例混匀，然后再往混合好的茶坯上铺一层茶叶的做法。窨花的方式有箱窨、囤窨、堆窨、机窨。茶就在这个时候，静静地吸收花中的香气，并稳固在茶之中。

4. 通花

当静置窨花温度过高的时候，就需要通花，即翻动茶坯散热。温度过高会影响花茶的香

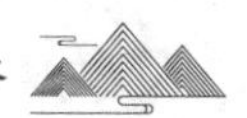

气浓度和鲜灵度，茶汤颜色会变黄暗，同时滋味变钝。

5. 起花

通花后还会继续静置窨制一段时间，直至鲜花失去生机，就需要把茶和花分离，这个流程叫做起花。由于茶叶跟花的大小相差较大，抖动筛网就可以使得花与茶完全分离。

6. 烘焙

烘焙是为了降低茶坯窨花过程中吸收的过多水分。要掌握好热风的温度，控制好茶叶水分含量，快速作业，最大限度地防止花香挥发散失。

7. 提花

区分窨花茶和拌花茶

提花是经过短时间的窨花，略过通花步骤，进行起花或者复烘，目的是为了提高花茶香气的鲜灵度。提花一般是完成所有窨制后的最后一步。最后成品便会匀堆装箱。所谓五窨、七窨等，其实就是茶反复经历以上步骤的次数。

四、花茶的代表名茶

1. 碧潭飘雪

碧潭飘雪产于峨眉山。采花时间一般在晴日午后，挑雪白晶莹、含苞待放的花蕾，赶在开放前择花，使茶叶趁鲜抢香，再以手工精心窨制。冲泡后茶汤黄绿明亮，飘在茶汤上的茉莉花瓣犹如水面点点白雪，故名碧潭飘雪。不仅醇香可口，更有观赏价值。青年画家邓岱昆曾以此茶名作藏头诗："碧岭拾毛尖，潭底汲清泉。飘飘何所似，雪梅散人间。"

其品质特征为外形紧细匀整，有锋苗，花干洁白；细嫩有毫，色泽绿黄润，香气鲜灵持久；汤色绿黄明亮，滋味鲜醇爽；叶底绿黄匀亮，细嫩多芽，如图 3－8－3 和图 3－8－4 所示。

图 3－8－3　碧潭飘雪干茶

图 3－8－4　碧潭飘雪茶汤与叶底

2. 桂花龙井

桂花龙井以浙江杭州一带的最为有名。其茶坯采用西湖龙井，配以杭州的市花桂花（以满觉陇茶产区种植的桂花树种最为名贵）制作而成。品饮桂花龙井茶，既有浓郁爽口的茶味，又有鲜灵芬芳的花香。冲一杯桂花龙井茶，桂花漂浮在上，犹如夜空中的繁星，弥漫着整个茶杯，如图 3－4－5 和图 3－4－6 所示。轻轻酌一口桂花龙井茶，茶汤中带有丝丝桂花的香甜，茶引花香，花益茶味，相得益彰。

图3-8-5　桂花龙井干茶

图3-8-6　桂花龙井茶汤与叶底

任务评价

花茶辨识及品鉴评分表

姓名：　　　　　　　　　学号：

项目	要求和评分标准	分值	组内评分	教师评分	最终得分
茶样辨识 40分	规范摆放及整理茶样及样茶盘	5			
	观察干茶外形，准确说出2种花茶的茶名及产地	20			
	观察干茶外形，准确说出2种花茶的工艺特点	15			
描述特点 30分	说出指定花茶的干茶外形特点	10			
	说出指定花茶冲泡后的滋味特点	10			
	说出指定花茶冲泡后的叶底特点	10			
知识问答 30分	结合产地与品质特点介绍一款自己喜欢的花茶	20			
	简述花茶的加工工艺	10			
合计		100			

能力拓展

扫描二维码，了解更多花茶与再加工茶知识：非物质文化遗产德昂族酸茶。

中华茶德之“廉”

德昂族酸茶文化馆版视频

能力拓展

模块二 实操技能篇

项目四 环境营造

中国茶艺要求品茶时做到环境、艺境、人境、心境俱美。茶艺包括人、茶、水、器、艺、境六大要素。品茶论道是在一定的环境下所进行的茶事活动，茶道对环境的选择、营造尤其讲究。那么有格调的喝茶环境应该是怎样的呢？如何在家里布置一方赏心悦目的茶席？你知道整套茶具都包括哪些部分？喝茶会喝醉吗？饮茶时我们适合搭配什么点心？

带着以上问题来学习本项目，我们一定能找到答案。

任务1　茶具选择和使用

学习目标

1. 了解茶具的演变和发展历史。
2. 了解茶具的分类。
3. 熟悉主要茶具和辅助茶具的功能及选配要求。

任务描述

“水为茶之母，器为茶之父。”本任务需要你根据茶具的种类、功能、特点，来选配家庭生活常用泡茶器具，能根据不同茶叶的特点选配茶具，并能回答客人关于茶具的基本问题。

任务分析

“工欲善其事，必先利其器”，本任务学习重点是茶具的组成和功能；学习难点是陶器和瓷器茶具的区别，茶具对茶叶冲泡感官的影响，茶具选配的基本要求。

任务准备

准备不同材质的、不同功能的茶具作为教具展示，如白瓷盖碗、紫砂壶、玻璃杯、铁壶、竹木茶道六君子、闻香杯、品茗杯、茶叶罐、茶荷、水盂等。

任务实施

学习脉络：茶具的演变与发展—茶具的分类—主要茶具、辅助茶具的名称和功能—茶具选配要求。

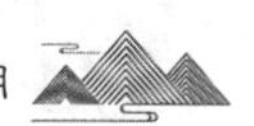

一、茶具的演变与发展

茶具的发展史与饮茶的发展史密切相关，经历了由粗趋精、由大趋小、由繁趋简、由朴实趋富丽再向淡雅、返璞归真的过程，如图 4-1-1 所示。

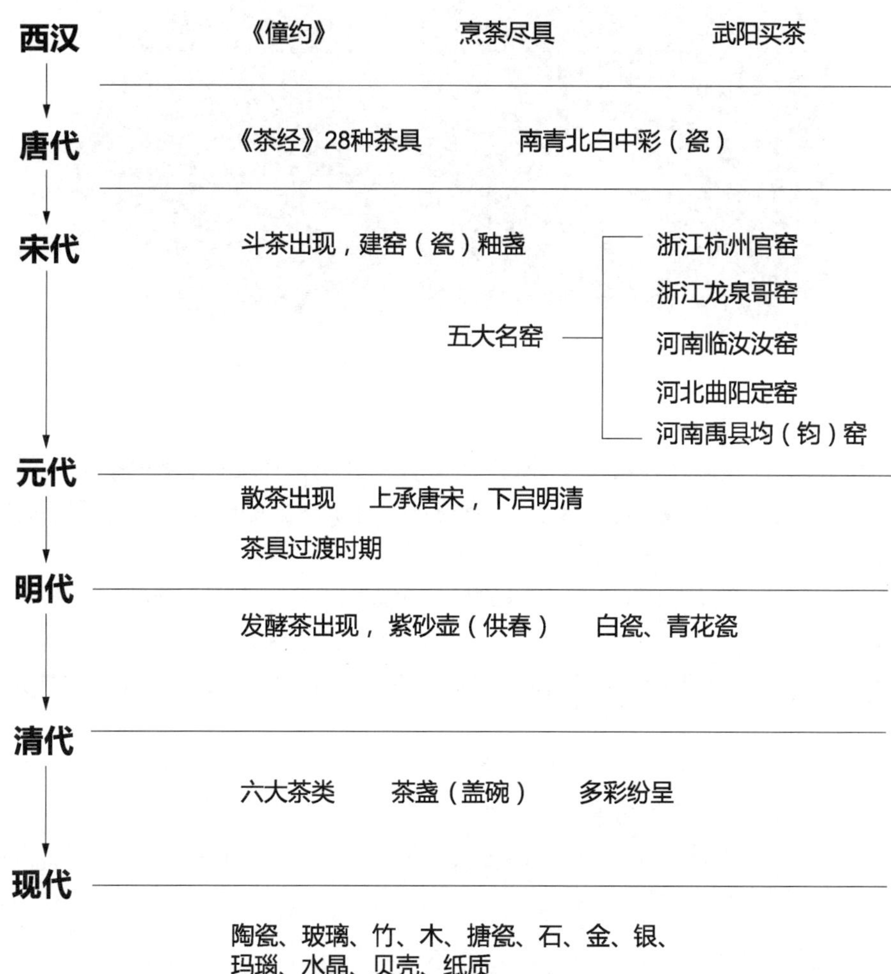

图 4-1-1　茶具演变脉络图

在原始社会，一器多用，没有专门的茶具。最早关于饮茶器具的记载是《僮约》，“武阳买茶”，“烹茶尽具”。虽然目前还不清楚记载中茶具的质地、器型和用法，但可以确定当时饮茶已经有了专门器皿。

历史上第一次对茶具系统总结是在唐代，《茶经·四之器》中详细记载了当时煎茶的 28 种器具，唐代王公贵族多用金银茶具，民间以陶瓷茶具为主。

宋代为达到斗茶的最佳效果，对茶具的选用较唐朝更讲究。唐人推崇越窑青瓷茶碗，而宋人崇尚建窑黑釉茶盏，如图 4-1-2 所示。当时烧瓷技术有了很大的提高，全国形成了官、哥、汝、定、钧五大名窑。

元代青花白瓷和釉里红瓷创制成功,把瓷器装饰推进到釉下彩的新阶段。明代茶具发生重大改变,除边疆人民饮茶用煮饮外,茶叶形制以条形散茶为主,煎煮法也改为冲泡法,一些新的饮茶茶具如小茶壶等脱颖而出。

图 4-1-2　唐代越窑青瓷和宋代建窑黑釉茶盏

明代普遍烧水沏茶(碗泡)和盛茶饮茶(壶泡)。

(1) 碗泡口饮　茶叶浮在茶汤表面,须用碗盖拨开及挡住浮叶,便于茶汤入口,于是茶碗上面加盖,下面加托,形成一套三件的盖碗茶具。材质已由黑釉变为白瓷或青花瓷茶盏。明代的白瓷有很高的艺术价值,史称甜白。

(2) 壶泡杯饮　明代最为崇尚瓷制或紫砂制的小茶壶,其造型变化无穷,并可雕刻字画。

从明代至今,人们所用的茶具品种基本上没有大的变化,仅在茶具式样或质地上略有变化。

清代以后,茶具的制作工艺有了长足的发展,形成了以瓷器和紫砂器为主的局面,在康熙乾隆时期最为繁荣,以景瓷宜陶最为出色。盖碗在清代受茶客喜爱。

此外,自清代开始,福州脱胎漆器、四川的竹编茶具、广州织金彩瓷、海南植物(如椰子)等茶具也相继出现,异彩纷呈。

二、茶具的分类

茶具按照不同的分类标准可以分为不同的种类,见表 4-1-1。

表 4-1-1　茶具类别

分类标准	种　类
茶器具名称	茶杯、茶碗、茶壶、茶托、茶碟等
茶艺冲泡要素	煮水器、备茶器、泡茶器、盛茶器、涤洁器等
茶具的质地	金属、陶土、瓷器、漆器、玻璃、竹木、搪瓷茶具等

其中,按照质地详细分类见表 4-1-2。

表 4-1-2 茶具按材质分类

材质		具体表现
陶土茶具	陶器	从粗糙的土陶到硬陶，再到釉陶(表面敷釉)。商周时期，出现几何印纹硬陶，秦汉时期已有釉陶的烧制，宜兴古代制陶颇为发达
	紫砂	陶器中的佼佼者首推宜兴紫砂茶具，北宋初期崛起，明代大为流行，目前品质由四五十种增加到六百多种
陶瓷茶具	青瓷	东汉年间开始生产，色泽青翠，用来冲泡绿茶，益于汤色之美，泡其他茶易使茶汤失去本来面目
	白瓷	唐朝时期已有记载，以色白如玉而得名，胚制致密透明，上釉，成陶火度高，无吸水性；音清而韵长，色泽洁白，反映出茶汤色泽，传热、保温性适中
	黑瓷	晚唐时期，河北定窑的黑瓷胎骨洁白而釉色乌黑发亮；福建建窑的黑瓷釉中析出大量氧化铁结晶，形成兔毫纹、油滴纹、曜变等黑色结晶釉，颇为珍贵
	彩瓷	元朝时期，彩色茶具品种花色很多，以青花瓷茶具最引人注目，花纹蓝白相映成趣，有赏心悦目之感，色彩淡雅幽菁可人，有华而不艳之力
搪瓷茶具		元朝时期(传入中国)，以坚固耐用，图案清晰，轻便耐腐蚀而著称
金属茶具		公元前 18 世纪至公元前 221 年，由金、银、铜、铁等材料制作，是我国最古老的日用器具之一。存茶器具的密闭性比其他材料好，可以较好地防潮、避光
竹木茶具		隋唐以前，利用天然竹木砍削而成
漆器茶具		始于清代，通常成套生产，以黑色为多，也有棕色、黄棕、深绿等。福州生产的漆器多姿多彩，有宝砂闪光等品种，特别是红如宝石的赤金砂和暗花等新工艺，更加鲜丽夺目
玻璃茶具		唐朝时期，高温透性，可见茶舞

三、主要茶具、辅助茶具的功能

主辅茶具功能见表 4-1-3 和表 4-1-4。

表 4-1-3 主茶具及其功能

名称及功能	图片	名称及功能	图片
侧提壶 泡茶斟茶		提梁壶 泡茶斟茶	
握柄壶 泡茶斟茶		银壶 泡茶斟茶	

盖碗品茗
操作视频

续 表

名称及功能	图片	名称及功能	图片
铁壶 泡茶斟茶		无柄壶 泡茶斟茶	
盖碗 泡茶		碗 碗泡法， 细嫩芽茶	

表 4-1-4 辅助茶具及其功能

名称及功能	图片	名称及功能	图片
壶承 承载、包容 主泡器		公道杯 盛放茶汤	
品茗杯 品茶，观赏汤色		闻香杯 闻香	
杯托 茶杯垫底		茶巾 擦拭桌面茶水	
茶席巾 奠定茶具 中心位置		茶道 六君子	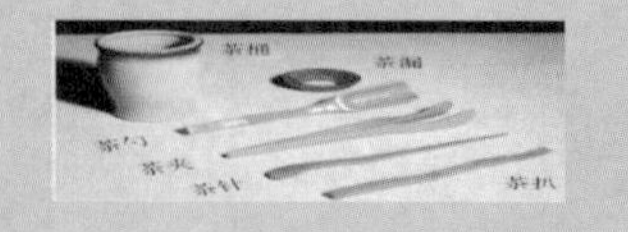

闻香杯闻香操作视频

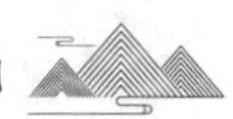

续　表

名称及功能	图片	名称及功能	图片
盖置 承托壶盖杯盖		滤网、滤网架 过滤茶汤中的碎末	
茶荷、茶则 盛放干茶，赏茶		单层茶盘 盛放茶具， 保护茶桌	
双层茶盘 同上			

四、茶具选配要求

常见的茶具及适用性，见表 4－1－5。

表 4－1－5　常见的茶具

器具	常见茶具	作　用
壶	紫砂壶、陶壶、瓷壶、玻璃壶、铁壶	壶泡茶不失原味，且香不涣散，泡茶操作也简单
盖碗	玻璃盖碗、陶瓷盖碗	通用茶具，看得到茶汤，易于掌握浓度，可以直接欣赏泡开后的叶底，而且去渣清洗比壶来得方便
杯	玻璃杯	适合茶叶外形较美的茶类，可以较为直观的欣赏到茶叶的舒展和茶汤的颜色

器为茶生，器茶相配，见表 4－1－6。

表 4－1－6　茶类与茶具

茶类	代表茶	建议茶具	理　由
花茶	菊花茶、玫瑰花茶	玻璃杯 玻璃壶	冲泡时的外形很具有观赏性

续 表

茶类	代表茶	建议茶具	理　　由
黄茶	君山银针	玻璃杯 玻璃壶	君山银针具有三起三落的动态美,用玻璃器皿比较有观赏性
红茶	金骏眉	玻璃杯 玻璃壶	喜爱观赏红茶明亮透底汤色的茶友,可以用玻璃器皿冲泡
		盖碗	可以根据茶友对香气、滋味的要求,自我调节
白茶	福鼎白茶	盖碗	适合3年以内的茶,方便冲泡
		陶壶、铁壶	老白茶用壶煮茶,味道更佳,老白茶的功效也更明显
乌龙茶	铁观音 大红袍	盖碗	可以根据茶友对香气、滋味的要求,自我调节
		紫砂壶	乌龙茶对冲泡水温要求在95～100℃,而紫砂壶有较好的保温能力,乌龙茶的香味不易散失
黑茶	普洱茶 六堡茶	盖碗	盖碗的方便性
		紫砂壶	保温能力,时香气滋味发挥更好
		陶壶、铁壶	具有一定年份的茶,需要煮茶方能将其味道完美地呈现出来

好茶配好器的选配原则:

(1) 器之质地粗细与茶之发酵和新老程度成正比　发酵程度越低的茶,宜用质地细密的器物,如绿茶宜用青瓷或玻璃器皿,乌龙宜用泥质较细的紫砂,黑茶宜用粗陶或泥质较粗的紫砂。质越细密,越容易将发酵程度低或不发酵的茶的温润体现出来。而粗陶能吸收老茶异味,所谓水过砂。

(2) 器形之高矮与茶之老嫩成正比　原则上,越老的茶,由于不怕焖,宜选择高深的器皿,如紫砂中的秦权、汉铎等,能将老茶的茶性很好地逼出来。而细嫩的茶,如绿茶,宜选择无盖或浅腹的器皿,才不会将嫩芽焖坏。按这个标准,嫩芽做的红茶,如金骏眉,虽然发酵程度高,由于细嫩,宜选择浅腹的紫砂。

(3) 香气多少与茶器质地粗细成反比　以紫砂为例。以香气见长的茶,如乌龙茶,宜选择泥质较细的紫砂,香气不宜散发。而香含在茶汤中的茶,如普洱,宜选用泥质较粗的紫砂。

(4) 盖碗是万能的替代品　盖碗的可控程度高,通过盖之开合,可散可闷,来适应不同老嫩和发酵程度的茶;通过观看汤色,判断茶汤浓淡,决定出汤时间等等。无法备齐各种茶器时,盖碗是必不可少的泡茶用具。

总而言之:茶具的选配要宜茶性、宜审美、合习惯、合场合。

1. 根据以下图片填写表格,判别分别属于哪个时期的茶具。具体说明该时期茶具的特质和该时期的时代背景,在中国茶文化中分别发挥了什么作用。

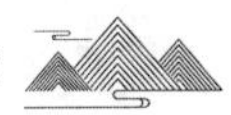

(1)　(2)　(3)　(4)　(5)

茶具演变知识点考核表

姓名：　　　　　　　　总分：

图片序号	所属朝代(4 分)	茶具特点(6 分)	茶文化关联(10 分)	评分
图(1)				
图(2)				
图(3)				
图(4)				
图(5)				

2. 唐三彩是陶器还是瓷器？你知道陶器和瓷器的区别吗？请完成如下表格。

区别因素	陶器	瓷器
原料		
烧制温度/℃		

续 表

区别因素	陶器	瓷器
含铁量		
坚硬程度、透明度、吸水性		
釉料		
代表器具及主要产地		

扫二维码了解更多茶具知识：

（1）典型茶具的容量、器型。 （2）银壶泡茶的好处。

（3）建盏最适合斗茶的奥秘。 （4）美器赏析。 （5）盖碗泡茶的妙处。

任务2　布置茶室与茶席

学习目标

1. 了解和认识茶室（茶空间）。
2. 掌握茶席构成要素。
3. 能够根据色彩搭配和主题构思选配茶具，完成茶席设计。

任务描述

茶席是生活中的一道风景线，是“生活艺术化，艺术生活化”的典范。那么，在空间里，茶席究竟有什么意义呢？本任务需要你运用茶室空间美学、区位功能以及茶席构成要素的基本知识，根据不同主题、空间、茶具的特点，为家庭生活、茶艺表演、茶空间、主题茶会，布置茶室空间和设计茶席，为品茶营造雅致的环境，为客人带来美的视觉享受。

任务分析

本次学习重点是掌握茶席构成要素；学习难点是综合考虑色彩、主题、器具、空间等要素，设计出适宜的茶席。

任务准备

准备不同色彩、图案、花色、材质的茶席物品，如茶具（壶、盖碗等）、各类桌布（布、丝、绸、缎等）、铺垫（席布）、花器、香器等。

任务实施

学习脉络：认识茶室（茶空间）—茶席设计—茶席设计案例。

一、认识茶室(茶空间)

茶空间是多维度的,包括精神的和虚拟的。

(1) 与人类品饮茶有关的实体空间　常规的老茶馆、茶艺馆,酒店和饭店大堂饮茶处、茶吧台,企事业单位的茶吧、茶接待室,大中小学各类茶教室、实验室,茶博物馆、茶艺术馆、家庭茶室、饮茶角,移动型露天茶空间等。

(2) 与人类品饮茶有关的自然空间　也就是户外与山水同在的饮茶空间,向来是中国传统文人的重要茶空间。自然空间一旦与茶有关,就构成了茶空间。

(3) 与人类品饮茶有关的精神空间　包含两个层面,一是与茶相关的寄托人类精神、灵魂、信仰的空间,比如实行茶道仪轨的寺院,与茶有关的教堂、清真寺等。另一个层面是人类在精神世界中构建的茶空间,这些往往通过诗歌、小说、戏剧、音乐、绘画、冥想等手段完成,比如在韩国茶礼的高级课程中就有冥想的训练。

(4) 与人类品饮茶有关的虚拟空间　包括互联网上的茶空间、茶交易平台、茶网店、手机客户端上的茶空间、与茶相关的数据库,以及线上线下相结合的半虚拟空间。

茶馆是茶客最常见的茶空间,茶馆布局大致分为四大块:

(1) 饮茶区　由大厅和若干个小品茶室、茶点区构成。视茶室占地面积大小,可分设散座、厅座、卡座及包厢,或选设其中一两种,合理布局。

(2) 表演区　茶艺馆在大堂中适当的位置可设置茶艺表演台,力求使大堂内每一处茶座的客人都能观赏到茶艺表演。

(3) 后勤区　茶水房、洗手间、工作室、贮藏室、办公室和员工更衣室等。

(4) 通道　包括进出茶馆的主通道、到各区块的分通道、消防通道。

二、茶席设计

当代"茶席"一词首次出现在童启庆教授编著的《影像中国茶道》:茶席是泡茶、喝茶的地方,包括泡茶操作场所、客人座席以及所需气氛的环境布置。它是以茶为灵魂,以茶器为素材,在特定的空间形态中,与其他器物及艺术相结合,展现某种茶事功能或表达某个主题的艺术组合形式。茶席设计的风格大致有四种类型:古典型、艺术型、民俗型、宗教型。茶席的特征主要有实用性、艺术性、综合性、独立性。茶席的构成要素有台桌与铺垫、茶具、茶花(茶花、盆花、盆景)、挂轴及其他。设计茶席时,需要考虑如下因素:

(一) 色彩搭配

(1) 色彩的情感　红色具有刺激性,因为它能使人联想到火焰、流血和革命;绿色的表现性则来自它所唤起的对大自然的清新感觉;蓝色的表现性来自它使人想到水的冰凉。

(2) 色彩的组合　除了重视色彩的情感、调性以外还要学会色面积的配比,特别在茶席铺垫的运用中往往要学会色彩分割、重组,经营好几种颜色的面积大小。

(二) 铺垫分类

铺垫可分为织品和非织品,除了能够保持器物清洁,还能烘托茶席主题。

1. 织品

(1) 棉布　适合传统题材、乡土题材。

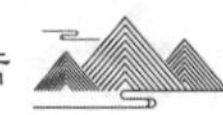

(2) 麻布　分为粗麻和细麻。适合传统题材、乡村题材、民族题材。

(3) 化纤　特点是软、挺、薄、亮、艳。适合现代生活和抽象题材。

(4) 蜡染　仅有蓝白两色，图案具有民族特色，色彩鲜明。蜡染布颜色偏重，器物选择宜用暖色、淡色。

(5) 印花　有梅花、兰花、菊花、牡丹花等。印花织品特别适合表现自然、季节、农村类题材。

2. 非织品

(1) 竹编　分为两种，一种是线穿直编，一种是薄竹片交叉编织而成。

(2) 草秆编　稻秆和麦秆。

(3) 树叶铺　枫叶、荷叶、芭蕉叶等，如图 4-2-1 所示。

图 4-2-1　树叶铺

(4) 纸铺　书法和绘画作品作为铺垫。

(5) 石铺　表达自然景象，有艺术感。

铺垫色彩选择的基本原则：单色为上，碎花为次，繁华为下。单色最能反映器物的色彩变化。碎花能点缀器物。色彩和花式是表达感情的重要手段，通过茶席的铺垫，不知不觉地影响着人们的精神、情绪和行为。

(三) 主题构思

茶席设计主题构思的类型，从不同的角度有不同的划分方式，其中按题材、结构、茶会类型最为常见。

1. 按题材类型划分

按题材划分，如图 4-2-2 所示。

2. 按结构类型划分

中心结构是以茶具等主器物为主体，符合大小关照、前后左右关照、远近关照、变化关照的原则。

多元结构式类型繁多，甚至每一种变化就是另一种情趣，其中具有代表性的有：

(1) 流线式　整体铺垫呈流线型，器物无结构中心，仅是从头到尾，信手摆来。

(2) 散落式　一般表现为铺垫平整，器物摆放规则，其他装饰品只散落于铺垫之上。

(3) 桌、地面组合式　其结构核心在地面，地面承以桌面，地面又以器物为结构核心。

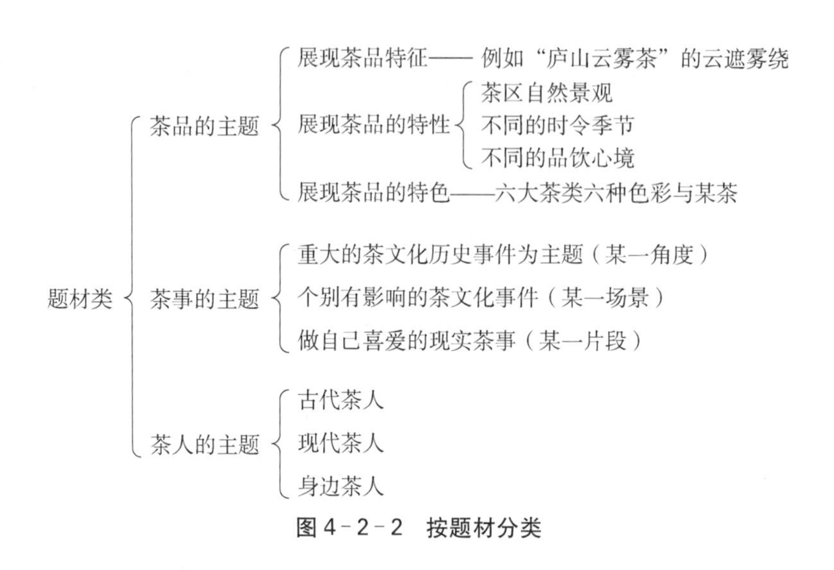

图 4-2-2　按题材分类

(4) 器物反传统式　以艺术独创性为依据，使结构全新化而又不忘一般的结构规律，给人耳目一新的感觉。

(5) 主体淹没式　其实用性大于艺术观赏性，常为营业性茶室所设，在茶席主器物上以不同的形状重复摆设，但摆放仍有一定的结构、规律。

3. 按茶会类型划分

(1) 自珍席　自珍席往往会固定地嵌入日常生活中，成为居所的一种结构，茶席设计必须兼顾空间已有的风格，达到和谐的效果。自珍席的最大功能是实现茶艺师的移情，是茶艺师心灵深处情感的表达，因此，设计完全可以根据茶艺师私人化的审美态度来实现，是极为自由的。茶席的风雅文化也反映了茶艺师的生活方式。明代的茶寮、日本的茶室建筑，是对此茶席大而化之的表现。

(2) 宾至席　反映了茶艺师对来宾的心情与礼节。此类型的茶席目的性强而清楚：第一，在茶席中便于给宾客沏茶；第二，展现对宾客的欢迎。

首先要选择茶品和主泡器。茶艺师要先了解来宾的身份，如年龄、性别、职业、区域等，不同身份的饮者对茶品的喜好是不同的，可以选择有特点的茶，以促进交流。茶品选择后，主泡器的选择就完成了一大半。茶艺师必须结合茶品和宾客的不同身份来设计茶席。宾至席是饮者和茶艺师紧紧围绕的茶席，距离很近，配饰和席面都不能太突兀，设计材料必须经得起细细鉴赏。风格要简洁、清秀。茶艺师还要了解来宾的人数，若人数较多，则茶席的席面设计就大一些。有时也设计成多席，适合多宾客的不同需求。若会见时间较长，也可配置不同的茶席。若人数较少，茶席就可小一些，避免以席欺人之嫌。

(3) 雅集席　符合某个主题的茶席展示。现代茶人的雅集席大致有三种。

第一种是一席多人。茶人们为了一个主题或共同的爱好聚集在一起，茶艺师是这个茶会的主人，以艺术品位为旨趣尽情地演绎茶席茶艺，来招待每一个茶人。

第二种是多席无人。这个无人是指无实际的饮者，多用在将茶席作为中间产品的展出。茶席的设计水平在相互比较中一览无余，茶席设计的不同风格给观览者无限启迪。

第三种是多席多人。人们带着自己的茶席作品在较广阔的空间展示，给每一位观览茶席的饮者展示茶艺，给饮者完美的茶席体验。

不同类型的雅集反映出一致的设计特点。第一，主题鲜明，风格独特。紧扣主题和演绎风格来设计茶席是较好的方法。第二，审美距离的把握。在日常生活中，雅集席比自珍席和宾至席与饮者的距离稍远一些，但又比舞台席近一些，这种距离也反映在雅集席的审美距离上，应该呈现出超越生活的审美形态。第三，茶汤的呈现。除了多席无人的茶席试图造就纯粹的审美外，雅集席应该给每一位观览者提供茶汤以品鉴，它以艺术化的茶席集会反映出平等、自由的宗旨。

（4）舞台席　舞台席面临以下三个挑战：一是舞台的限制，包括舞台空间的限制、与观众保持距离的限制和茶汤供给的限制。这些客观因素势必造成茶席主题表现的限制和茶汤美观程度的缺憾，因此，设计中要尽可能夸大一些形式元素，唤醒观众的想象力，让观众用想象力来补充和升华自己的直观感觉。二是舞台美术的要求。包括灯光、布景、化妆、服装、音响等舞台效果的基本要求，其服装、化妆需要符合灯光的渲染效果。三是舞台的情感要求。它的亲切要能传到整个剧场或广场的每一位观众，因此舞台席的情感表达更为奔放、夸张、细腻。

（四）器具选择

茶具组合显主题。茶席布置主题先行，确定主题后选择相应的茶席元素。茶具是整个茶席中的焦点，茶具的特色有启发主题的作用。茶具组合及摆放是茶席布置的核心。古代茶具组合一般都本着“茶为君、器为臣、火为帅”的原则配置，即一切茶具组合都是为茶服务的。现代茶具组合在兼顾实用性、艺术性的基础上，尽可能根据茶性、泡茶的主要目的和主题选择茶具，还要与铺垫、插花、焚香、挂画四个方面相配合。

三、茶席设计案例

1. 2020年江西省“振兴杯”茶艺行业职业技能大赛冠军　高翔　作品

（1）茶席主题　《传承茶文化　振兴江西茶》，如图4－2－3所示。

图4－2－3　冠军作品

(2) 选茶　铅山河红茶。铅山河红茶是历史名茶,外形条索紧细,色泽乌润显毫,香气清鲜持久。茶汤滋味醇厚,甘甜爽滑,汤色红亮,清澈,有光圈。叶底红艳,杯底香气浓郁。古称江西乌,俗称河红茶。

(3) 配具　茶席使用盖碗、公道杯、品茗杯、建水、提梁壶和炉、茶荷茶匙、茶巾、花儿、君子兰、竹屏风等。器具以陶瓷、玻璃和竹木制茶器为主,以红色为主色调,既有俭清和静之意,又有振兴江西茶之寓。简单透明的公道杯,竹木制的茶荷茶盘,既便于观赏干茶和茶汤,又很好地展示了茶人的恬淡与自然。壶承上连绵的驼队,火红的盖碗和品茗杯,仿佛在诉说着万里茶道第一镇曾经的辉煌,也寓意着江西茶业在茶人们的共同努力下必定红红火火。

(4) 音乐　《虚谷》,马常胜老师的原创古琴曲,寂寂旷语,唯系一念,天地入怀,廓然澄明。

(5) 解说词　明代河口镇的制茶师傅创造性地采用了采摘—萎凋—揉捻—发酵—熏焙的工艺来制茶,美妙的红茶才得以问世。这种新式的制茶技艺很快传播到全国各地,当时有"铅山河红传四方,河帮茶师遍天下"的美誉,堪称红茶鼻祖。《中国通史》中载有"铅山河红茶乃国内著名红茶"和"第一次问世(出口)之华茶",被西方奉为"至尊名茶"与"茶中皇后"。以河红茶为代表的江西茶长期以来一直是江西乃至全国对外经贸文化交流中最亮丽的名片之一。但鸦片战争以后,河红茶的命运和国家一起,如同这杯中茶浮沉翻滚后,逐渐坠入低谷。可以说河红茶在历史上有多高的荣誉,现在就有多深的失落。

"万里茶道"桨橹声远,再次出发的马蹄声已然入梦。在国家实施"一带一路"倡议后,河红茶迎来了快速发展的历史机遇,通过统一制作标准、质量标准,弘扬工匠精神,开展河红茶传统制茶工艺申报国家级非物质文化遗产等举措,不断提升河红茶文化品位和产品质量。我们要牢牢抓住国家复兴"万里茶道"和"海上茶路"的历史机遇,通过传承历史悠久的河红文化,弘扬河帮茶师勇于创新,精益求精的工匠精神,让河红茶乃至江西茶产业再创辉煌,让香天下的江西茶在描绘赣鄱大地改革发展新画卷上。

2. 2020年江西省"振兴杯"茶艺行业职业技能大赛亚军　袁莹莹　作品

(1) 茶席主题　《自在一杯茶》,如图4-2-4所示。

图4-2-4　亚军作品

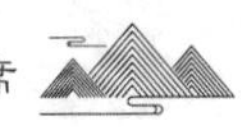

（2）选茶　白茶寿眉。

（3）配具　陶＋紫砂。以心经长卷表达自在，以陶罐枯枝表述自然。茶艺师生活化的行茶手法让整体画面显得自在轻松，怡然自得。选用工艺最简单的老白茶让整体氛围相得益彰。

（4）茶艺程序　备器、煮水、备茶、温杯、置茶、冲泡、奉茶、收具。

（5）配乐　《问茶》。

（6）解说词　我有一杯茶，自在享清欢。自在，是自己在，是生命最自然舒适的状态；茶，嘉木之叶，经自然风霜洗礼，时光沉淀，沸水唤醒，在杯盏间拿起放下，亦如人生诸事，拿起是牵绊，放下即自在。

（7）结束语　一年茶，三年药，七年宝。

3. 2020年江西省“振兴杯”茶艺大赛（三类）冠军　胡婕　作品

（1）茶席主题　《古道陈香》，如图4－2－5所示。

（2）选茶　陈升号霸王青饼普洱茶。以布朗山茶区的大树晒青毛茶为原料生产，茶气刚烈，茶底厚实，重喉韵。茶汤入喉，便有霸道苦味在喉头打转，舌底鸣泉，回甘生津较好。十余泡后，仍然茶味十足。

图4－2－5　冠军作品

（3）配具　器具以陶瓷和竹木制茶器为主，古朴大方，表现了普洱、茶具与茶马古道浑然一体。历史悠久的普洱在茶马古道上留下的深深足印，奉献着人们对岁月、对生活的无限感知。每一壶、每一杯与茶艺师的动作和谐搭配，让人领略到普洱茶的醇和与陈韵。

（4）音乐　《秋水悠悠》。巫娜的古琴曲很好地契合了普洱茶陈韵与茶马古道的沧桑。悠悠秋水，仿佛轻声诉说着万里茶马古道久远的故事。

（5）解说词　迢迢万里茶马路，千难万险一壶茶。山花流水无人到，品茗深山待月来。普洱茶，有“越陈越好”的说法，而好的普洱生茶，香气“绕梁三日而不退”。月下暖黄的灯光、醇厚的茶味、淡淡的陈香，无一不让人心醉。当壶底泉鸣时，涌泉连珠，幻化了古树普洱袅袅的茶烟，散发着穿越千百年的馨香。与友人一同品茶则最是安逸舒适的。品茶就像找人，品到了好茶，就找到了对的人，那种愉悦的感觉如陈茶之香一样绕梁三日而不退。好茶难求，陈香易醉。每一丝茶香，每一缕香烟，每一滴甘露，都是一个古老的故事。任时光流转，沧海桑田，唯有千年茶香，萦绕于杯中指间。古道亘古不变，愿情怀亦不变。

1. 根据以下图片填写表格，具体说明该茶席设计中题材、结构、茶会类型、色彩、器具等方面的设计依据。

(1)

(2)

(3)

茶具演变知识点考核表

姓名：　　　　　　　　　　总分：

图片序号	题材(4分)	器具搭配 (色彩、结构、类型)(6分)	茶席文化体现 (10分)	评分
(1)				
(2)				
(3)				

茶席之花

2. 依据江西四绿一红(狗牯脑绿茶、婺源绿茶、庐山云雾绿茶、浮梁绿茶、宁红茶)展现茶品特征为题材，用中心结构式、舞台席设计茶席并展示。

要求：每个小组选择一款茶品。

小组序号：　　　　　　组员：　　　　　　　总评分：

	主题	中心结构						舞台效果		
	茶品特征(15分)	主器(25分)	关照度(20分)					色彩搭配(10分)	艺术表达(15分)	情感表达(15分)
			大小(4分)	高低(4分)	多少(4分)	远近(4分)	前后左右(4分)			
图片或文字描述										
评分										

能力拓展

能力拓展

扫二维码了解更过茶席知识：

1. 茶席设计的原则。2. 茶席文案撰写。

3. 当代茶席的茶器组合。4. 雅席欣赏。

任务3　选配茶点

学习目标

1. 了解茶点的种类。
2. 掌握茶点组合的基本要求。
3. 熟练掌握不同茶类的茶点组合。

任务描述

茶点是在茶道中分量较小的精雅的食物，是在茶的品饮过程中发展起来的一类点心。本任务需要你了解和熟悉茶点的种类、组合的基本要求，能为家庭生活、茶艺表演、茶空间、主题茶会等科学选配茶点。

本任务重点是掌握茶点组合的基本要素；学习难点是综合考虑美学、口味搭配、主题、器具、空间等要素，科学地选配、组合茶点。

任务实施

学习脉络：茶点的种类—茶点组合的基本要求—不同茶类的茶点组合—茶点与器皿相协调—茶点与季节相搭配。

一、茶点的种类

茶点包括水果、干果、点心、肉类等，还延伸出茶菜和茶宴等。

1. 水果

在晋代，水果这类佐茶食品已经堂而皇之地登上了士大夫的餐桌，并且上升到极高的精神层面，是传递俭廉精神的重要载体。人们经常选用色彩鲜艳，食用方便的水果来搭配茶食,如西瓜、圣女果、苹果、甜橙、桃子、菠萝、葡萄、香蕉、芒果、猕猴桃等。

2. 干果

干果佐茶是绝美的搭配,营养物质丰富。干果的香气和茶的香气可以很好地融合。喝过几泡茶后,偶尔拾起一粒坚果,放入口中细细咀嚼,在口中回味的坚果香有助于体味茶香,是饮茶时的好伴侣。杭州临安曾以茶点“天目八供”设计茶席《陌上花开》,八供茶点为山核桃、白果、笋丝、青豆、小香薯、花生、豆腐干、猕猴桃干。

3. 点心

茶点是指佐茶的点心、小吃,是茶食中目前最为流行的品类。茶点比一般点心小巧玲珑,口味更美,更丰富,制作也更精细。在茶席中的摆放也更有想象和创作的空间。

茶点分为北京、闽南、潮州、广东、江南、台湾式,以及日式、西式等;根据制作方法的不同,有蒸的、烤的、炸的;根据配料的不同有荤素之分。特色比较鲜明的主要有:北京的传统茶点,富于满汉特色,如蜂糕、排叉、松糕、烧饼等;粤式茶点较传统有较大的延伸,分为干湿两种,干点有饺子、粉果、包子、酥点等,湿点则有粥类、肉类、龟苓膏、豆腐花等,其中又以干点做得最为精致,卖相甚佳;日式茶点,如图 4-3-1 所示,制作十分讲究,名称多与季节特征有关,如初燕、龙田饼、寿菊糖、樱饼等,茶点内用豆沙馅居多;西式茶点主要有饼干、蛋糕、水果派、三明治等。

(a)

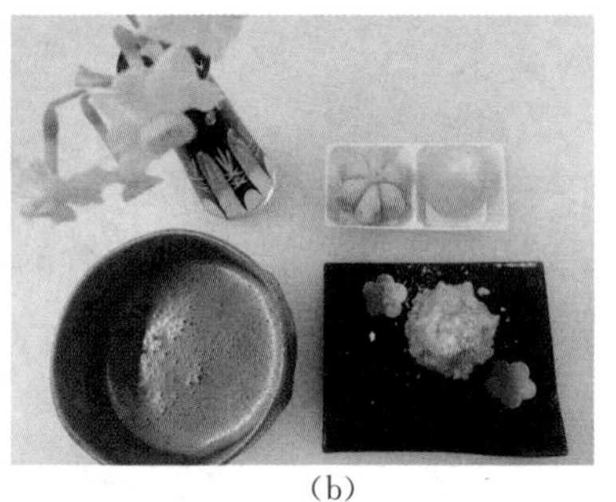
(b)

图 4-3-1 日式茶点

此外,含茶点心一类,如红茶奶油饼干茶多酚蛋糕等,也逐渐进入了我们的饮食空间。

4. 肉类

可以用来当茶点的肉制品可以是香肠、肉脯、肉干等。常见的有酱牛肉、牛肉脯、牛肉干、猪肉脯、猪肉干、鱿鱼丝、鱼干片等。南方很多地方还用鸡鸭头、颈、爪等作为小吃佐茶,配上合适的茶别有一番风味。

二、茶点组合的基本要求

1. 体文化内涵

茶点不仅讲究色、香、味、形等感官享受,而且注重茶点的文化内涵。在扬州,红楼茶点在日月明大茶馆推出,经营的品种丰富多样,包括松子鹅油卷、蟹黄小娇儿、如意锁片等在内的 25 个品种,每一个品种的背后都有着丰富的文化内涵,让顾客在品尝的同时,还可以了解到鲜为人知的制作方法和故事典故。

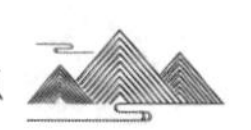

2. 讲地域习惯

茶点的地域性主要是源于一方的饮食习惯。例如赣北地区盛产茶，尤其以九江庐山云雾茶闻名。当地居民开发出九江茶饼、酥糖、糍粑、艾米果等经典伴茶茶点，如图4-3-2所示。这些茶点大多以当地土产为原料，外形精致小巧，口味清甜独特，配合云雾茶清香茶味，可谓相得益彰。

泡工夫茶讲究浓、香，所以都要佐以小点心。这些小点心颇为讲究，不仅味道可口，而且外形精雅，大的不过如小月饼一般大小，主要有南糖、绿豆茸馅饼、椰饼、绿豆糕等，还有具有闽南特色的芋枣，另外还有各种膨化食品及蜜饯。而广东人称早茶为“一盅两件”，即一盅茶，加两道点心。茶为清饮，佐料另备，既可饱腹又不失品茗之趣。

与南方茶馆有所不同，老北京的清茶馆较少，而书茶馆却很流行，品茶只是辅助性的，听评书才是主要的。所以，品茶时的茶点多为瓜子等零嘴，很是随意。

3. 映时代特征

茶点的发展要有趋时性，制茶工艺发展到今日，茶叶已经成为许多特色茶点的重要原料。这些茶点又在饮茶过程中平添了些许味觉与乐趣。例如绿茶瓜子、茶软糖、茶果冻等，给风云变幻的茶点市场上注入了很多时尚元素。

4. 重风味效果

(1) 茶点要适应茶性　搭配茶食的原则可概括成口诀：“甜配绿，酸配红，瓜子配乌龙。”一般来说，品绿茶，可选择一些甜食，如干果类的桃脯、桂圆、蜜饯、金橘饼等；品红茶，可选择一些味甘酸的茶果，如杨梅干、葡萄干、话梅、橄榄等；品乌龙茶，可选择一些味偏重的咸茶食，如椒盐瓜子、怪味豆、笋干丝、鱿鱼丝、牛肉干、咸菜干、鱼片、酱油瓜子等。当然，还是要自己亲口尝试最好。

(2) 茶点要有观赏性　与传统点心相比较而言，茶点制作更加精美，注重色彩与造型，讲究观赏性。

(3) 茶点要有品尝性　茶点的品尝重在慢慢咀嚼，细细品味，所以茶点应极富有品尝性。例如荔红步步高，便是用荔枝红茶汤混合马蹄粉做成的茶点，红白相间，层层叠叠。先把一部分茶汤、马蹄粉、白糖和炼奶混合做成奶糊，剩下的茶汤与白糖、粉浆煮成茶汤糊，把两种糊分层蒸熟，冷冻后用模具印刻成各种形状。细细咀嚼，凉滑、淡雅的荔枝红茶香味流连在口里，配上一杯红茶，回味悠长。

(4) 茶点要有多样性　我国茶点种类繁多，口味多样。茶点的选择空间很大，也可以运用茶的品种不同而创新茶点品种。例如茶果冻，是将果冻精心调入4种不同口味的茶叶(红茶、绿茶、茉莉花茶、乌龙茶)制成，且不添加色素、防腐剂，口味独特，是纯天然的健康食品。

三、茶点与器皿相协调

无论是质地、形状还是色彩，盛装器都应服务于茶果茶点的需要。一般来说，干点宜用碟，湿点宜用碗，如图4-3-2所示；干果宜用篓，鲜果宜用盘；茶食宜用盏。色彩上，可根据茶点茶果的色彩配以相对色。其中，除原色外，一般以红配绿、黄配蓝、白配紫、青配乳为宜。有些盛装器里常垫以洁净的纸，特别是盛装有一定油渍、糖渍的干点干果时常垫以白色花边食品纸。

(a)　　(b)

图 4-3-2　茶点与器皿

总之，茶点茶果及盛装器要做到小巧、精致和清雅，切勿选择个大体重的食物，也勿将茶点茶果堆砌在盛装器中。只要巧妙配置，茶果茶点也将是茶席中的一道风景，盆盆碟碟显得诱人而可爱。

四、茶点与季节、人群相搭配

中医认为，春夏养阳，秋冬养阴。春季养生要顺应春天阳气生发的特点，注意保护阳气。春季宜护肝养肝，可避免暑期的阴虚，饮食宜清淡，食辛甘发散之品，适合搭配的茶点如玫瑰花糕、茉莉花糕、青团。

夏季气候炎热，消化功能相对较弱，饮食不宜肥甘厚味，宜多食酸味以固表，多食咸味以补心，如杨梅、绿豆糕、茶粽等。

秋季是气候转换的分界点，立秋后天气由热逐渐转凉，气候干燥，饮食应以养阴清热、润燥止渴为主，多吃润燥、易消化的食物，适当多食酸味果蔬，如银耳汤、莲子羹、葡萄干、柚子等。

冬季气候寒冷，围炉饮茶是一大享受，进入冬季后，人体新陈代谢减慢，消耗相对减少，民间有立冬补冬的习俗，可多吃坚果类食物，如松子、核桃仁、栗子等，还可在饮茶时搭配卤豆干、番薯、蜜枣、牛肉干等。

依据茶性季节和人的体质搭配茶食，更体现以人为本。冬天或者女性喝绿茶尽量避免选择寒性食物，少用西瓜、李子、柿子、柿饼、桑葚、洋桃、无花果、猕猴桃、甘蔗等水果；红茶性暖，体质热的人就不要选择温热性的荔枝、龙眼、桃子、大枣、杨梅、核桃、杏子、橘子、樱桃、栗子、葵花子、荔枝干、桂圆等热性食物为茶食。

1. 依据所学知识点内容并查询相关资料，完成下列表格：

地域	代表性、典型性茶点	特色、特点
北京		
闽南		
潮州		
广东		
江南		
台式		
日式		
西式		

2. 根据不同茶类组合选配茶点：

茶叶类型	茶点组合选配（文字＋配图）	说明原理（美学、口感、营养搭配、主题、器具、文化等）
西湖龙井、碧螺春、君山银针等绿茶		
金骏眉、宁红、祁门红茶、滇红等红茶		
大红袍、肉桂、凤凰单丛、水仙、铁观音等乌龙茶		
普洱紧压茶、六堡茶、安化黑茶等黑茶		

扫二维码，了解更多茶点知识：
1. 茶点的特点。2. 中国茶谣、茶宴单。3. 茶点欣赏。

能力拓展

模块二 实操技能篇

项目五 茶事服务准备

有茶友在杭州茶博会品尝西湖龙井茶时，发现茶艺师冲泡出的茶汤清澈鲜亮、口感鲜爽甘甜，比自己用桶装水冲泡出的口感更佳。茶艺师解释说，泡茶用水都是当天从茶山旁的泉眼打来的。山泉和我们的自来水、纯净水泡出茶的口感为什么不同？水质不好的地区怎样改善茶汤的口感？

本项目学习茶事服务前相关知识和准备工作，了解泡茶用水、茶艺师形象和服务接待礼仪，以及泡茶的基本技法等。

任务1　选择泡茶用水

1. 了解水质对茶的重要性。
2. 了解天下名泉，感受中国传统饮茶文化的魅力。
3. 掌握现代人泡茶用水分类及好水的主要指标。

水为茶之母。本次任务我们将学习到水的分类、特点及好水的指标，根据茶的种类选用不同水质，进行品评。

重点了解中国名优泉水，熟悉水的分类及特点；难点在于掌握优质水的指标，改善泡茶水质的方法，能通过比较、辨别、选择适合的水质，冲泡出口感较好的茶汤。

评审杯套，绿茶12～15克，自来水，在容器中澄清过的自来水，瓶装矿泉水，纯净水，泉水或井水（选用）各150 mL，电子秤，量杯，随手泡，计时器。

学习脉络：不同水质对茶汤的影响—古籍论水—品茗用水的分类—现代对水的认识及选择—著名泉水。

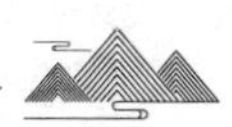

一、不同水质对茶汤的影响

用评审杯,煮沸的自来水、澄清过的自来水、瓶装矿泉水、纯净水、泉水或井水(依据本地)、蒸馏水各150 mL,分别冲泡普洱生茶(或其他绿茶)。注意其他冲泡要素保持一致,如水量、温度、投茶量、时间。冲泡5分钟,茶汤倒入审评碗,然后看汤色、嗅香气、尝滋味。小组讨论并记录不同水质对茶汤的影响,如图5-1-1所示。

图5-1-1 自来水、纯净水、山泉水、蒸馏水冲泡普洱生茶

自来水中因为含有大量氯,所以冲泡茶叶时茶味受影响最严重。从汤色来看,汤色比其他三种水更加深浓且浑浊;香气闻起来也很不愉悦,夹杂着一股漂白粉的味道;茶汤入口硬且滞、五味杂陈,还带有淡淡的酸馊味。山泉水和纯净水泡茶有区别但是不明显。也不建议选择蒸馏水来泡茶,蒸馏水泡出的茶汤色最浅。从滋味来讲,蒸馏水泡茶不出茶味,茶汤入口虽略甜,但是整体比较寡淡还有水闷之气。

近代,不少茶学工作者曾对宜茶水品作过分析测定和试验比较。例如,在浙江杭州,经理化检测和开汤审评,结果表明,以虎跑泉水和云栖水最好,西湖水、钱塘江水次之;城市天落水和自来水再次之,城市井水最差。

二、古籍论水

《茶疏》中说:"精茗蕴香,借水而发,无水不可与论茶也。"如果水质欠佳,茶叶中的许多物质受到污染,饮茶时既闻不到茶的清香,又尝不到茶味的甘醇,还看不到茶汤的莹晶,也就失去了饮茶带来的好处,尤其是品茶给人带来的物质、精神和文化享受。

茶道讲色、香、味、器、礼,而水则是色、香、味三者的体现者。《梅花草堂笔谈》中说:"茶性必发于水,八分之茶,遇十分之水,茶亦十分矣;八分之水,试十分之茶,茶只八分耳。"

《茶经》中说:"其水,用山水上,江水中,井水下。其山水则乳泉石池漫流者为上。其江水取去人远者,井水取汲多者。"宋代人对泡茶用水讲究轻、清、甘、活、冽,即水体轻,水质清,水味甘,水源活,水温低。郑板桥写有一副茶联:"从来名士能评水,自古高僧爱斗茶。"这幅茶联极生动地说明了"评水"是茶艺的一项基本功。

总之,古代茶人对宜茶水品议论颇多,说法也不完全一致,归纳起来,大致有以下几种论点。

（1）择水选“源”　明代陈眉公《试茶》诗中的“泉从石出清宜冽，茶自峰生味更圆”，都认为宜茶水品的优劣，与水源的关系甚为密切。

（2）水品贵“活”　“活”是指有源头而常流动的水。如北宋苏东坡《汲江水煎茶》诗中的“活水还须活火烹，自临钓石取深清”，《斗茶记》中的“水不问江井，要之贵活”，《苕溪渔隐丛话》中的“茶非活水，则不能发其鲜馥”，都说明宜茶水品贵在“活”。《茶录》中分析得更为具体：“山顶泉清而轻，山下泉清而重，石中泉清而甘，砂中泉清而冽，土中泉淡而白。流动者愈于安静，负阴者胜于向阳。真源无味，真水无香。”

（3）水味要“甘”　“甘”是指水略有甘味。《茶录》中认为：“水泉不甘，能损茶味。”《煮泉小品》说：“甘，美也；香，分也。味美者曰甘泉，气氛者曰香泉。泉惟甘香，故能养人。凡水泉不甘，能损茶味。”《大观茶论》指出：“水以清轻，甘洁为美。”王安石还有“水甘茶串香”的诗句。强调宜茶水品在“甘”，只有“甘”才能够出“味”。

（4）水质需“清”　“清”是指水质洁净透彻。《茶经·四之器》中所列的漉水囊，就是滤水用的。宋代强调茶汤以“白”为贵，这样对水质的要求，更以清净为重，择水重在“山泉之清者”。明代熊明遇说：“养水须置石子于瓮，不惟益水，而白石清泉，会心亦不在远。”这就是说，宜茶用水需以“清”为上。

（5）水品应“轻”　“轻”是指水的分量轻。《冷庐杂识》记载，乾隆每次出巡，常喜欢带一只精制银斗，“精量各地泉水”，按水的比重从轻到重，排出优次，定北京玉泉山水为“天下第一泉”，作为宫廷御用水。

不管什么水，符合“源、活、甘、清、轻”五个标准，才算得上是好水。

三、品茗用水的分类与选用

（1）纯净水　采用多层过滤和超滤、反渗透技术，可将一般的饮用水变成不含有任何杂质的纯净水，并使水的酸碱度达到中性。用这种水泡茶，不仅因为净度好、透明度高，沏出的茶汤晶莹透彻，而且香气滋味醇正，无异杂味，鲜醇爽口。市面上纯净水品牌很多，大多数都宜泡茶。除纯净水外，还有质地优良的矿泉水也是较好的泡茶用水。

（2）自来水　含有消毒的氯气等，在水管中滞留较久，还含有较多的铁质。当水中的铁离子含量超过万分之五时，会使茶汤呈褐色。而氯化物与茶中的多酚类作用，又会使茶汤表面形成一层“锈油”，喝起来有苦涩味。所以用自来水沏茶，最好用无污染的容器，先贮存一天，待氯气散发后再煮沸沏茶。或者采用净水器净化，就可成为较好的沏茶用水。

（3）井水　井水属地下水，悬浮物含量少，透明度较高。城市井水，易受周围环境污染，用来沏茶，有损茶味。若能汲得活水井的水沏茶，同样也能泡得一杯好茶。《玉堂丛语》《日下旧闻考》中都提到的京城文华殿东大庖井，水质清明，滋味甘冽，曾是明清两代皇宫的饮用水源。福建南安观音井，曾是宋代的斗茶用水。

（4）江、河、湖水　江、河、湖水属地表水，含杂质较多，浑浊度较高，一般来说，沏茶难以取得较好的效果。但在远离人烟，植被生长繁茂之地，污染物较少，这样的江、河、湖水，仍不失为沏茶好水，如浙江桐庐的富春江水、淳安的千岛湖水、绍兴的鉴湖水。《茶经》说：“其江水，取去人远者。”《茶疏》中更进一步说：“黄河之水，来自天上。浊者土色，澄之即净，香味自发。”也就是说即使混浊的黄河水，只要经澄清处理，同样也能使茶汤香高味醇。

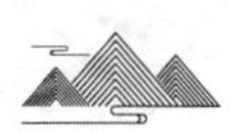

(5) 山泉水　山泉水大多出自岩石重叠的山峦。山上植被繁茂，从山岩断层细流汇集而成的山泉，富含二氧化碳和各种对人体有益的微量元素；而经过砂石过滤的泉水，水质清净晶莹，含氯、铁等化合物极少，用这种泉水泡茶，能使茶的色、香、味、形得到最大限度发挥，但也并非山泉水都可以用来沏茶，如硫黄矿水是不能沏茶的。另外，山泉水也不是随处可得，因此，对多数茶客而言，只能视条件和可能去选择宜茶水品了。

(6) 雪水和雨水　古人誉为“天泉”。用雪水泡茶，一向就重视。如唐代白居易《晚起》诗中的“融雪煎香茗”，宋代辛弃疾《六幺令》词中的“细写茶经煮香雪”，元代诗人谢宗可《雪煎茶》诗中的“夜扫寒英煮绿尘”，都是描写用雪水泡茶。《红楼梦》第四十一回中，妙玉用在地下珍藏了五年的，取自梅花上的雪水煎茶待客。至于雨水，综合历代茶人泡茶的经验，认为秋天雨水，因天高气爽，空中尘埃少，水味清冽，当属上品；梅雨季节的雨水，因天气沉闷，阴雨连绵，较为逊色；夏季雨水，雷雨阵阵，飞沙走石，因此水质不净，会使茶味“走样”。但雪水和雨水，与江、河、湖水相比，总是洁净的，不失为泡茶好水。不过，空气污染较为严重的地方，如酸雨水不能泡茶，城市的雪水也不能用来泡茶。

四、现代对水的认识及选择

卫生饮用水的指标一般包括微生物指标、毒理指标、感官性状和一般化学指标。现代在泡茶时，还需考虑水的以下指标。

(1) 酸碱度　茶汤水色对 pH 值相当敏感。pH 降至 6 以下时，水呈酸性，汤色变淡；pH 高于 7.5 呈碱性时，茶汤变黑。

(2) 水中可溶解物质(TDS)　溶解性固体总量，表明 1 升水中溶有多少毫克溶解性固体。TDS 值主要用于衡量水的纯净度，值越高，表示水中含有的杂质就越多。

通常来说，TDS 值 0～9 代表纯净水；10～60 代表山泉水、矿化水；60～100 代表净化水；100～300 代表自来水；300 以上属于污染水。

用 TDS 几乎为零的纯净水泡茶，感官审评中规中矩，没有矿物质与微量元素的参与，总是感觉缺少了一些风味。

(3) 水的总硬度　水的硬度是反映水中矿物质含量的指标，它分为碳酸盐硬度及非碳酸盐硬度两种，前者在煮沸时产生碳酸钙、碳酸镁等沉淀，这种水称暂时硬水；后者在煮沸时无沉淀产生，水的硬度不变，这种水称永久硬水。

水的硬度会影响茶叶成分的浸出率。软水中溶质含量较少，茶叶成分浸出率高；硬水中矿物质含量高，茶叶成分的浸出率低。尤其是当水的硬度为 30 度以上时，茶叶中的茶多酚与水等成分的浸出率就会明显下降。硬度大也就是水中钙、镁等矿物质含量高，还会引起茶多酚、咖啡碱沉淀，造成茶汤变浑、茶味变淡。各类茶中的风味最易受水质的影响。绿茶最好用硬度为 3～8 度的水。日本水质较软，大部分地方的水的硬度为 7～9 度，冲泡的绿茶滋味鲜爽，汤色亮绿，因此日本人偏爱绿茶。而欧洲国家的水质较硬，很多地方高于 20 度，泡绿茶时汤色为黑褐色，且滋味不正常，因此那里的绿茶不如红茶、咖啡普及。

现在自来水的硬度一般不超过 25 度。在自然界中，雨水、雪水等天然水本是地上水分蒸发而形成的，纯度较高，硬度低，属于软水；泉水从石间土中流动，溶入了多种矿物质，硬度高，但多为暂时硬水，煮沸后硬度下降。

(4) 水中氯离子浓度　水中氯离子浓度不超过0.5毫克/升，否则有不良气味，茶的香气会受到很大影响。水中氯离子多时，可先积水放一夜，然后烧水时保持沸腾2～3分钟。

(5) 水中氯化钠含量　应在200毫克/升以下；否则咸味明显，干扰茶汤的滋味。

(6) 水中铁、锰浓度　水中铁浓度不超过0.3毫克/升，锰不超过0.1毫克/升；否则茶叶汤色变黑，甚至水面起一层“锈油”。

能力拓展

我国著名泉水

著名泉水

我国的泉水资源非常丰富，备受广大茶人喜爱。名泉吐珠，水质甘美可口，历来被名人雅士竞相评论，如茶圣陆羽将泡茶泉水分为二十等级：

庐山康王谷水帘水，第一；无锡惠山寺石泉水，第二；蕲州兰溪石下水，第三；峡州扇子山虾蟆口水，第四；苏州虎丘寺石泉水，第五；庐山招贤寺下方桥潭水，第六；扬子江南零水，第七；洪州西山西东瀑布水，第八，唐州桐柏县淮水源，第九；庐州龙池山岭水，第十；丹阳县观音寺水，第十一；扬州大明寺水，第十二；汉江金州上游中零水，第十三；归州玉虚洞下香溪水，第十四；商州武关西洛水，第十五；吴淞江水，第十六；天台山西南峰千丈瀑布水，第十七；柳州圆泉水，第十八；桐庐严陵滩水，第十九；雪水，第二十。

任务评价

某茶楼客户向茶艺师反映，在家泡茶时，每次汤色比一般的要深，而且上面有层油膜，喝起来口感更苦涩。

请根据以上描述和附图，回答下列问题：

(1) 为什么会产生这种现象？

(2) 茶艺师在冲泡时，择水应该注意哪些问题？

(3) 还有哪些因素会对茶汤质量、口感造成影响？

任务2 个人形象准备

学习目标

1. 掌握茶艺服务中的得体的着装要求。
2. 熟练个人仪容修饰操作。
3. 优雅运用个人基本仪态礼仪。

任务描述

一名优秀的茶艺师不仅要注意茶汤质量、行茶顺序,而且要展现大方、得体气质。茶艺师的个人形象礼仪是在茶事服务中茶艺师个人形象的重要展示,通过优雅的气质、得体的行为举止,给顾客以美的享受与熏陶。

任务分析

本次任务重点掌握茶艺人员的仪容、仪表、仪态、礼仪;难点是化妆、盘发、着装修饰的实际运用,以及优雅的运用站坐走蹲基本仪态。

任务准备

名称	数量	已取	已还	名称	数量	已取	已还
全套化妆工具	1			发梳	2		
U型夹	1			定型啫喱	1		
发圈	1			茶服	1		
鞋	1						

任务实施

茶艺师个人形象礼仪主要掌握以下内容：着装得体—发型整齐—手形优美—面部姣好—举止优雅。

一、着装得体

茶服既是茶席展示中艺术形式的展演服装，也可以平常穿着。茶的本性是恬淡平和的，因此茶艺师的着装以整洁大方得体为宜。泡茶师服装的颜色、式样，要与茶具、环境、时令、季节协调，根据季节选择适宜的服装。春季可选择淡色着装，冬季可选择暖色着装。总之，茶事活动中服装不宜太鲜艳，应与安静轻松的品茗环境、俭朴平和的茶道内涵相吻合。

配饰常在不经意间体现生活品位。不以流行为标志，选择中意的小品；不以贵重为炫耀，把目光停留在身边的平凡物品上；不以物大为佳。手臂上佩戴的饰品以小巧点缀为宜（如玉手镯），应避免过于宽大和晃动的饰品，如手链、戒指等（展示少数民族民俗茶文化时例外），因为这些饰品会喧宾夺主，还可能碰击茶具，发出不协调的声音。

二、发型整齐

头发整洁、发型大方是对茶艺师发式美的最基本要求。一般说来，头发不宜染色，且不论头发长短，额发均不可过眉，不能影响视线。如果头发长度过肩，泡茶时应将头发盘起。盘发发型，应简单大方，不要过于复杂，还要与服装相适应。

知识链接

发髻修饰

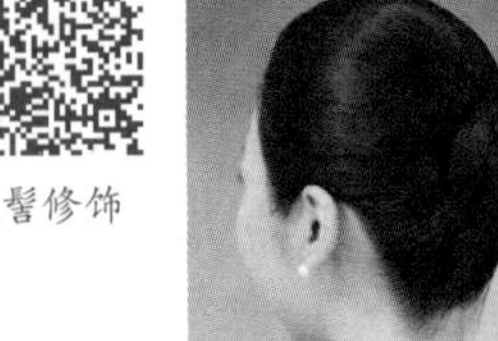
图 5-2-1　发髻修饰

无花式发网发髻盘发步骤，如图 5-2-1 所示：

第一步：额前凸起发髻。

第二步：耳后中间束起马尾（马尾位置：两耳之间，它的高度与耳线齐平）。

第三步：隐形发网固定马尾，顺时针盘发。

第四步：用 U 型夹固定发髻。

三、手型优美

茶艺人员首先要有一双纤细、柔嫩的手，平时注意适时的保养，随时保持清洁、干净，如图 5-2-2 所示。其他辅助人员保持手部的干净也是基本的礼仪要求。

图 5-2-2　茶艺师手型

优美的手型要求：

① 指甲不宜太长，不涂指甲油。

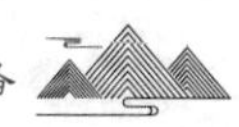

② 手上不佩戴任何饰物，如戒指、手链、手表等。

③ 手上不应有异味，如化妆品、洗涤剂、食物等的味道。泡茶前必须先净手。任何异味都会影响客人闻香品茶。

④ 平时注意手部皮肤的护理，干净、灵巧、柔和的手更能体现茶艺之美。

四、面部姣好

妆容修饰

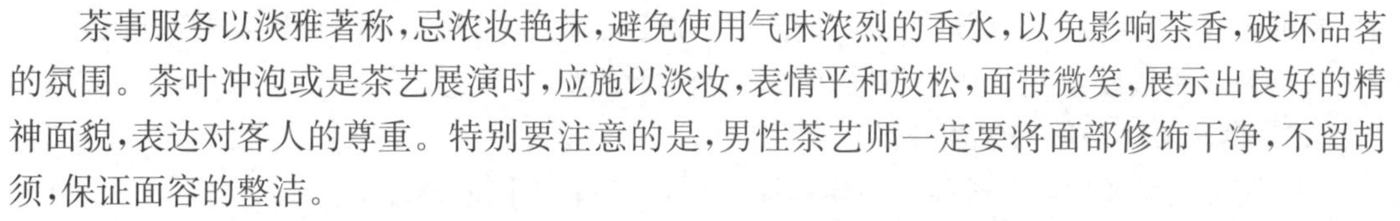

茶事服务以淡雅著称，忌浓妆艳抹，避免使用气味浓烈的香水，以免影响茶香，破坏品茗的氛围。茶叶冲泡或是茶艺展演时，应施以淡妆，表情平和放松，面带微笑，展示出良好的精神面貌，表达对客人的尊重。特别要注意的是，男性茶艺师一定要将面部修饰干净，不留胡须，保证面容的整洁。

淡妆要达到有妆似无妆的效果，包括底妆修饰、眉毛修饰、眼状修饰、腮红和唇部修饰。

五、举止优雅

个性很容易在泡茶的过程中表露出来。可以借着姿态动作的修正，潜移默化影响人的心情。茶艺师基本服务姿态具体要求是：站势笔直，走相自如，坐姿端正，挺胸收腹，腰身和颈部须挺直，双肩平正，筋脉肉放松，调息静气，目光祥和，表情自信，侍人谦和，行礼轻柔而又表达清晰，面带微笑。服务基本姿态包括站姿、坐姿、走姿、蹲姿。

1. 站姿

有时因茶桌较高，坐着冲泡不甚方便，也可以站着泡茶。站立时需双腿并拢，身体挺直，双肩放松，精神饱满，面带微笑，双目平视，目光柔和有神，自然亲切。如图 5－2－3 所示，女性应将双手交叉而握，右手贴在左手上，并置于身前；两脚可呈丁字式或 V 字式；男士双手交叉而握，左手贴在右手手背上，置于身前，而双脚可呈 V 字式或稍作分开，但不能超过肩宽。

2. 坐姿

茶艺师坐姿

（1）入座时　从座位左边入座，背向座位，双脚并拢，右脚后退半步，使腿肚贴在座位边，轻稳和缓地坐下，然后将右脚并齐，身体挺直。男士落座前稍稍将裤腿提起；女士入座，若穿的是裙装，应整理裙边，用手沿着大腿侧后部轻轻地把裙子向前拢平。

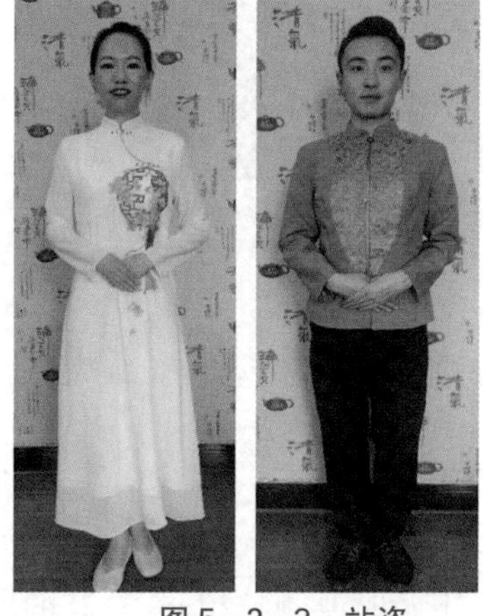

图 5－2－3　站姿

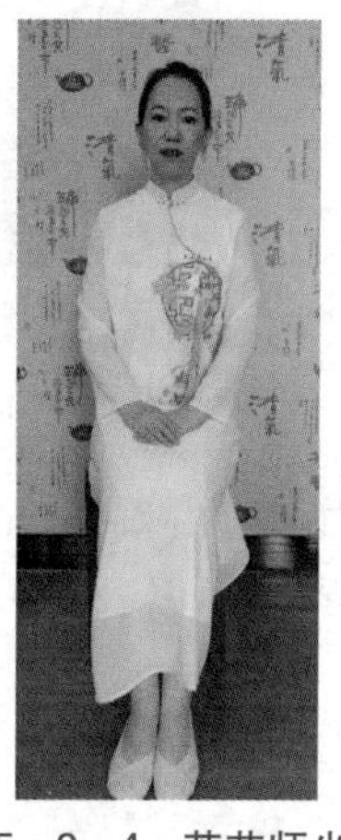

图 5－2－4　茶艺师坐姿

(2) 坐定时　如图 5-2-4 所示，基本要求是端庄、大方、文雅、得体。腰背直挺，手臂放松。男士双膝可并拢或略微分开，也可以向一旁倾斜，两脚平稳着地。在公共场合，就座最好不坐满，正襟危坐，表示尊重对方。

双手不操作时，自然交叉相握放于腹前，或手背向上，四指自然合拢呈八字形平放在操作台，右手放在左手上；男性双手可分搭于左右两腿上，或是在操作台上自然半握分放两侧。全身放松，思想安定、集中，姿态自然、美观，面部表情轻松愉快，自始至终面带微笑。行茶时，挺胸收腹，头正臂平，肩部不可因操作动作改变而倾斜。切忌两腿分开或跷二郎腿，或是不停抖动，双手搓动或交叉放于胸前，弯腰弓背，低头等。

(3) 离座时　一般来说需注意以下问题：

① 注意先后顺序：身份高者要先离座，身份相当者可同时离座。

② 起身轻稳：离开座位时动作要缓慢，不能用力过猛，更不宜发出声响。

③ 站稳脚跟再离开：离座时要稳当自然。女士要注意将衣裙拢齐整。站好再走可以保持动作稳健，趺趺撞撞或匆忙离去则会表现出举止轻浮。

走姿

3. 走姿

如图 5-2-5 所示，女性茶艺师行走时双肩放松、下颌微收，两眼平视。手部微收，甩臂时手肘微向内收。脚步须成一直线，上身不可摇摆扭动，以保持平衡。

如图 5-2-6 所示，男士手部半握拳，两臂平行甩臂。正确的落脚点是跟、掌、尖，要走成两条平行线。

图 5-2-5　女茶艺师走姿

图 5-2-6　男茶艺师走姿

来到客人面前应稍倾身，面对客人，然后上前完成各种冲泡动作。结束后，面对客人，后退两步倾身转弯离去，以表示对客人的恭敬。

4. 蹲姿

蹲姿是拾起物品和服务他人都会用到一种姿态。蹲姿首先要讲究方位，当需要捡拾低处或地面物品的，可走到物品的一侧。当面对他人下蹲时要侧身相向（较高的腿对向他人）；

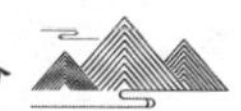

下蹲时一脚在前，一脚在后，两腿向下蹲，前脚全着地，小腿基本垂直于地面，后脚脚跟提起，脚尖着地。臀部向下，基本上以后腿支撑身体。起身时要使头部、上身、腰部在一条直线上，上身正直起立。常见蹲姿包括高低式蹲姿和交叉式蹲姿，茶艺师奉茶时还会用到撤腿半蹲蹲姿。

5. 跪姿

一些茶馆茶楼中常设有一些需要席地而坐的茶席，或在一些仿古茶艺的演示中，需要运用跪姿。一般的跪姿都是双膝着地并拢，上身（腰部以上）直立，臀着于足踵之上，手自然垂放于两膝上，抬头、肩平、腰背挺直，目视前方。而男士可以与女士略有不同，将双膝分开，与肩同宽。起身时，应先屈右脚，脚尖立稳后，再起身，以保持身体平衡。

蹲姿

任务评价

个人形象礼仪评分表

姓名：　　　　　　　　　　　学号：

项目	要求和评分标准	分值	组内评分	教师评分	最终得分
仪容礼仪 30分	妆容修饰得体规范，干净淡雅	15			
	发型修饰干净整洁，女士正确盘发无碎发；男士须无杂乱	10			
	手部卫生干净，指甲不宜太长，不涂指甲油。无任何配饰，无异味	5			
仪表礼仪 15分	茶服选择搭配与茶具环境相搭配	5			
	茶服干净整洁，无折痕	5			
	鞋子选择相适当	5			
仪态礼仪 55分	站姿：身体挺直，双肩放松，两眼平视，手位脚位规范	15			
	坐姿：全身放松自然，端坐中央，双腿并拢，上身挺直，头部上顶，下颌微收。坐下后，手位八字放在茶台上	15			
	走姿：双肩放松、下颌微收，两眼平视。男女式手位规范，上身保持平衡	15			
	蹲姿：在物品的一侧下蹲；当面对他人下蹲时要侧身相向（较高的腿对向他人）下蹲和起身时上身正直，身体平稳	10			
合计		100			

任务3　服务接待

学习目标

1. 掌握茶事服务中茶艺师接待与交谈礼仪。
2. 掌握行茶中的礼仪规范。

任务描述

从中国的茶礼中规范行为，传递精神，学习和弘扬中国传统文化。现需要你掌握迎送接待礼、递接物品礼、接待鞠躬礼、请茶伸掌礼、奉茶递送礼、谢茶叩指礼、行茶寓意礼、喝茶端茶礼，灵活运用服务接待礼仪，最大限度地满足宾客的需求，提供优质服务。

任务分析

本任务学习重点是掌握接待与交谈礼仪，规范迎送接待服务，做到待客有五声，正确礼貌地接物品；难点是在行茶中能正确行使鞠躬礼、伸掌礼、奉茶礼、叩指礼、寓意礼和端茶礼。

任务准备

名称	数量	已取	已还	名称	数量	已取	已还
茶盘	1			茶壶	1		
茶匙组合	1			茶杯	5		
茶叶罐	1			水盂	1		
茶巾	1			水壶	1		
茶荷	1			红茶	2～4 g		

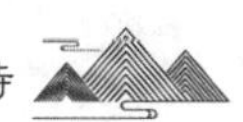

学习脉络：茶礼仪演变—茶事常用礼节—基础动作。

一、茶礼仪演变

礼仪

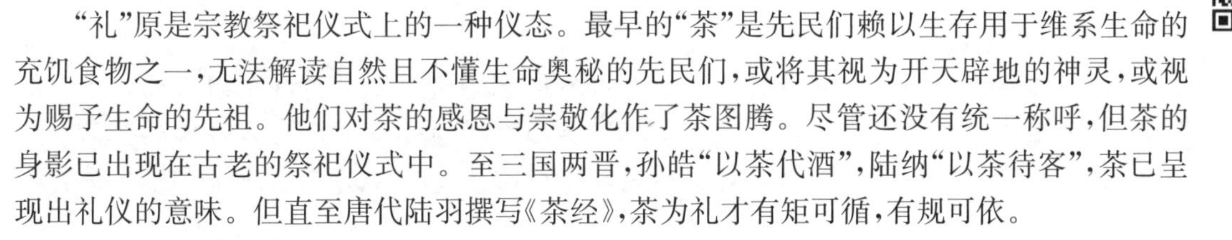

“礼”原是宗教祭祀仪式上的一种仪态。最早的“茶”是先民们赖以生存用于维系生命的充饥食物之一，无法解读自然且不懂生命奥秘的先民们，或将其视为开天辟地的神灵，或视为赐予生命的先祖。他们对茶的感恩与崇敬化作了茶图腾。尽管还没有统一称呼，但茶的身影已出现在古老的祭祀仪式中。至三国两晋，孙皓“以茶代酒”，陆纳“以茶待客”，茶已呈现出礼仪的意味。但直至唐代陆羽撰写《茶经》，茶为礼才有矩可循，有规可依。

1. 原始的茶图腾

云南德宏地区德昂族古歌《达古达楞格莱标》说明茶叶是德昂人的图腾。土家族敬奉女始祖苡禾娘娘，从女始祖采茶、吃生茶叶、怀孕、生子、弃子、子食虎奶、子为氏族神祖这一系列的意象排列来看，很明显，这是两个图腾——茶与虎为一体的神话传说。在土家族居住地，茶叶是常用植物，先民们由于对生育现象的迷惑而产生了“茶为生命之源”的图腾。

还有用“绿雪芽”治病救人的女始祖太姥娘娘等传说，都代表着原始的茶图腾。

2. 早期礼仪中的茶

(1) 丧祭礼仪中的茶　祭祀是最古老的礼仪形式，最初的祭祀以献食为主要手段。

(2) 朝贡礼仪中的茶　东汉以来，不独有贡茶，而且出产御苑茶。到了南北朝，贡茶同御茶已作为王朝君臣普遍选用的饮料珍品，茶叶成为朝野内外祭祀鬼神的祭品。

(3) 宴请礼仪中的茶　民以食为天，饮食礼仪在中国文化中占有极重要的地位。早在先秦时期，人们就“以燕飨之礼，亲四方宾客”。

(4) 待客礼仪中的茶　人与人交接、相见，是生活中最常见的现象。接见中，借助一定程式的礼仪，可以表达内心的诚敬。

3. 茶礼仪立制

在唐代以前，茶已经较为广泛地出现在祭祀、朝贡、宴请、待客等礼仪场所中。但在相关的礼仪典籍中，并未见系统完整的茶礼制，直到《茶经》问世，构建了从茶器、用水、烹煮到品饮等一系列的茶礼仪规范。按照礼制的要求，基本完善了饮茶的礼法、礼义、礼器、辞令、礼容等，完备了茶为礼的相关要素，把中国文化的精粹内涵融入茶的饮用。

二、茶事常用礼节

茶艺师在茶事服务接待礼仪中要做到“三轻”：说话轻、操作轻、走路轻。并熟练掌握如下礼仪：迎送接待礼—递接物品礼—接待鞠躬礼—请茶伸掌礼—奉茶递送礼—谢茶叩指礼—行茶寓意礼—喝茶端茶礼。

迎宾

（一）迎送接待礼

1. 迎宾服务礼仪

(1) 迎宾入门　当顾客距离门口 2 米处，将门轻轻拉开至 90°。

(2) 迎宾用语　拉开门的同时,真诚微笑地目视着对方说:"欢迎光临……里面请。"

(3) 迅速招待　站立面带微笑,问好,"您好! 这边请坐。"

(4) 耐心解答　回答有关茶品、茶点、茶肴以及服务、设施等方面的询问。

知识链接

谨记"十五一"服务法则:十米眼神交流,五米点头微笑,一米起身接待。

2. 送宾服务礼仪

(1) 拉椅提醒　当宾客准备离去时,轻轻拉开椅子,提醒宾客带好随身物品。

(2) 送客在后　送客要送到厅堂口,宾客走在前面,服务人员走在宾客后约 1 米距离。

(3) 礼貌告别　应主动拉门道别,真诚礼貌地感谢客人,并欢迎其再次光临。

3. 礼貌接待语

中华茶德之"敬"

茶艺服务人员在接待宾客时需要使用礼貌语言,它具有体现礼貌和提供服务的双重特性,是茶艺服务人员用来向宾客表达意愿、交流思想感情和沟通信息的重要交际工具,也是茶艺服务人员完成各项接待工作的重要手段。

礼貌服务待客"五声":

(1) 顾客进店有迎声　欢迎光临;

(2) 顾客寻询有答声　您好,需要点什么吗?

(3) 顾客帮忙有谢声　谢谢!

(4) 照顾不周有歉声　对不起!

(5) 顾客离店有送声　谢谢光临,请慢走。

在与宾客交谈时,手势不宜过多,动作不宜过大,更不要手舞足蹈。不仰视和俯视,为了表示尊重,在与宾客交谈时,目光应正视对方的眼鼻三角区。

(二) 递接物品礼

递送物品

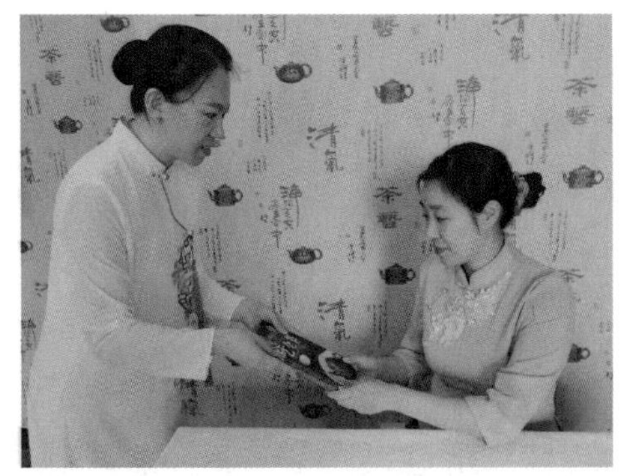
图 5-3-2　递送物品礼仪

如图 5-3-2 所示,递送物品要遵循四个原则:

第一,双手为宜(至少用右手)。

第二,方便对方接收,如果是笔,左手笔帽,右手笔尖,对方方便接拿。如果是矿泉水瓶,一手拿头部,一手托底部,方便对方直接握住瓶身。如果是文件资料,将字的正面朝向对方。

第三,切勿将危险一侧朝向对方。递送尖头物品时,尖头一定不要正对着对方。

第四,卫生干净。如果递送茶杯,请勿将手触碰杯身的上面 1/3 处,此为对方口部接触位置。

(三) 接待鞠躬礼

1. 站式鞠躬礼

站式鞠躬如图 5-3-3 所示。

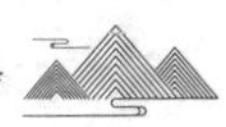

(1) 一脚在前一脚在后呈丁字状，两脚之间夹角为 15°～30°，右手置于左手手指之上，呈八字叠放，四指合拢至于腹前。

(2) 手在身前搭好或手放在腿的两侧，以腰为轴，上身挺直，眼睛向前下方看。

(3) 直起时目视脚尖，缓缓直起，面带微笑。

(4) 俯下和起身速度一致，动作轻松，自然。

① 真礼：用于主客之间，弯腰 90°。

② 行礼：用于客人之间，弯腰 45°。

③ 草礼：用于说话前后，弯腰 30°。

图 5-3-3　站式鞠躬礼

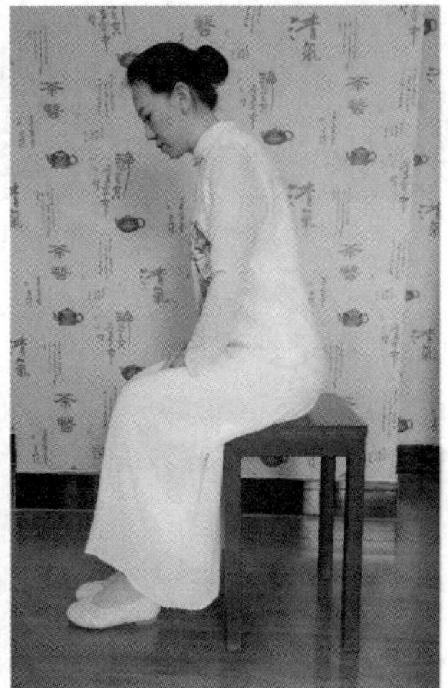

图 5-3-4　坐式鞠躬礼

2. 坐式鞠躬礼

坐式鞠躬如图 5-3-4 所示。

(1) 在坐姿的基础上，头身前倾，双臂自然弯曲，手指自然合拢，双手掌心向下，自然平放于双膝上或双手呈八字形轻放于双腿中、后部位置。

(2) 直起时目视双膝，缓缓直起，面带微笑。

(3) 俯起时的速度一致，动作轻松、自然。

① 真礼：头身前倾约 45°，双手平扶膝盖。

② 行礼：头身前倾约 30°，双手呈八字形放于大腿中间。

③ 草礼：头身略前倾，双手呈八字形放于双腿后部位置。

3. 跪式鞠躬礼

在跪坐姿势的基础上，头身前倾，双臂自然下垂，手指合拢，双手呈八字形，或掌心向内，或平扶，或垂直放于地面双膝前位置。行礼规范同坐式鞠躬礼。

(四) 请茶伸掌礼

伸掌礼是在茶事活动中常用的特殊礼节，如图 5-3-5 所示，主要在向客人敬茶时所用，送上茶之后，同时讲“请品茶”。

(1) 两人相对时　可均伸右手掌请茶。

（2）侧对时　右侧方伸右掌，左侧方伸左掌请茶。

（3）伸掌姿势　五指并拢，手掌略向内凹，侧斜之掌伸于敬奉的物品旁，同时欠身点头，动作要一气呵成。

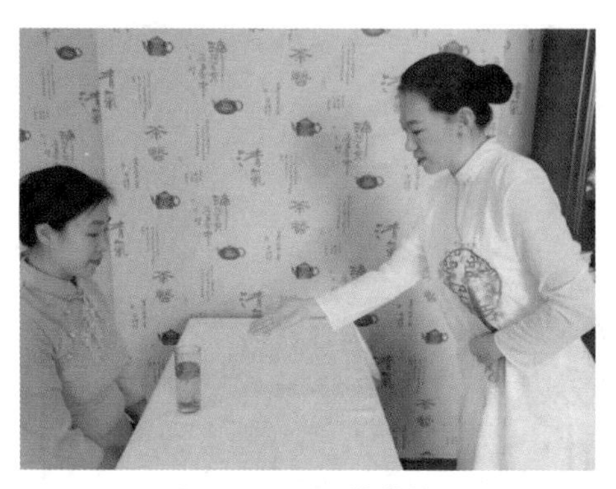

图 5-3-5　伸掌礼

图 5-3-6　奉茶礼

（五）奉茶递送礼

1. 茶桌奉茶标准

奉茶礼

为宾客奉茶要讲究同一时间、同一浓度、同一数量的茶。

奉茶顺序：先宾后主，先长辈后晚辈，先上级后下级，先女士后男士。若不清楚顺序，按顺时针方向奉茶。

如图 5-3-6 所示，右手拿杯身，左手托杯底，勿将手触碰杯身的上面 1/3 处，用标准手势面带微笑说“请用茶”。

奉茶后可以邀请宾客闻香，顾客先闻茶艺人员才能闻。闻香的标准动作是：放在离鼻端 2～3 厘米处与鼻子称 45°夹角，深吸 3 秒。

需要注意的是，在奉茶完后要随即用茶巾将滴在茶桌上的水渍擦拭干净。

2. 30 秒奉茶标准

顾客进门后，30 秒内奉上一杯茶。距离顾客 1 米时点头微笑，0.5 米微笑、问好、奉茶。

标准用语：先生/小姐您好！请喝杯茶。

奉茶完毕时，面对客户后退一步再转身离开。

（六）谢茶叩指礼

叩指礼

叩手礼即以手指轻轻叩击茶桌来行礼，以致谢意，如图 5-3-7 所示。

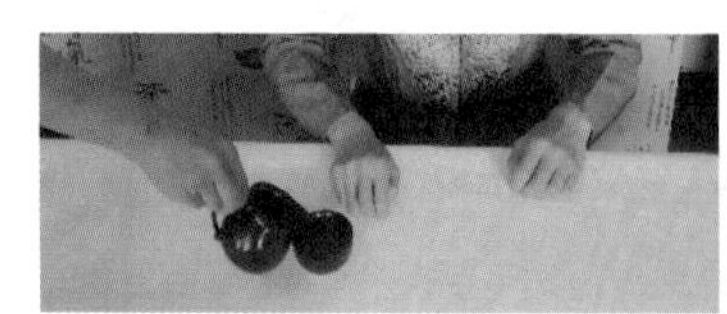

图 5-3-7　叩指礼

（1）长辈给晚辈倒茶　晚辈应右手作跪拜状，轻扣三下，表示感谢。

（2）平辈之间倒茶　应用右手食指、中指并拢，轻扣三下，表示感谢。

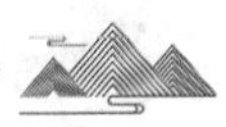

(3) 晚辈给长辈倒茶　可右手食指轻点一下桌边,表示点头,三下表示欣赏。

(七) 行茶寓意礼

1. 操作手法

(1) 凤凰三点头　手提水壶高冲低斟反复三次,寓意向客人三鞠躬以示欢迎。

(2) 敬茶　高举起眉,举起茶杯,低头示意。

凤凰三点头

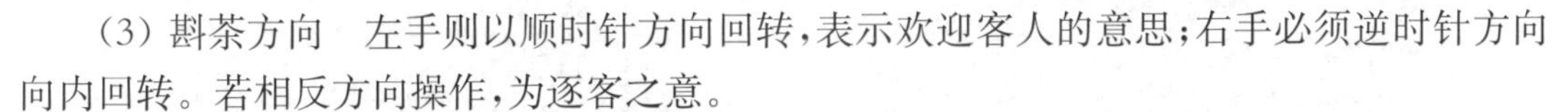

(3) 斟茶方向　左手则以顺时针方向回转,表示欢迎客人的意思;右手必须逆时针方向向内回转。若相反方向操作,为逐客之意。

(4) 取物礼仪　手臂应绕过茶具取物,忌手臂越过茶具取物,如图5-4-8所示。

图5-4-8　取物

2. 茶具摆放

茶具摆放如图5-3-9所示。

图5-3-9　茶具摆放

(1) 茶具的字画　应迎向宾客,以示敬意。

(2) 茶壶壶嘴　不能正对客人,否则表示请客人离开。

3. 斟茶礼仪

(1) 斟茶水量　只斟七分满,再添三分真情意。

(2) 斟茶顺序　当茶杯排成圆形时,讲究逆时针巡壶斟茶,表示欢迎客人。而忌讳顺时针方向斟茶。应养成逆时针回转斟茶的习惯。

斟茶方向

在用盖碗品茶时,如果不是客人自己揭开杯盖要求续水,茶艺师不可主动为客人揭盖添水,否则视为不敬。

男士端茶礼

(八) 喝茶端茶礼

女士拿茶杯时，拇指与食指捏住茶碗，中指托住茶碗底部，意为“三龙护鼎”，如图 5－3－10 所示。男士拿茶杯时，将大拇指与其余四指自然靠拢，握住茶碗，意为“大权在握”，如图 5－3－11 所示。

图 5－3－10　女士端茶礼

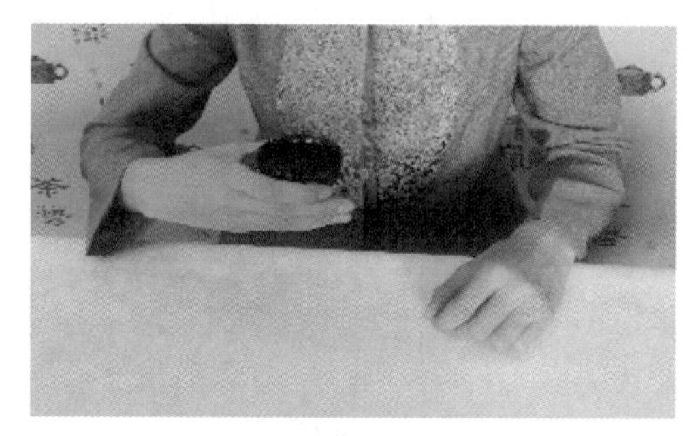
图 5－3－11　男士端茶礼

三、基本动作

(一) 持壶法

1. 侧提壶

(1) 大型侧提壶法　右手拇指压壶把，方向与壶嘴同向，食指、中指握壶把，左手食、中指按住盖纽或盖，双手同时用力提壶。

(2) 中、小型侧提壶法　右手拇指与中指握住壶把，无名指与小拇指并列抵住中指，食指前伸呈弓形，压住壶盖的盖纽或盖提壶，如图 5－3－12 所示。

图 5－3－12　侧提壶持壶法

2. 飞天壶

四指并拢握住提壶把，拇指向下压壶盖顶，以防壶盖脱落。

3. 握把壶

右手大拇指按住盖纽或盖一侧，其余四指握壶把提壶，如图 5－3－13 所示。

4. 提梁壶

握壶右上角，拇指在上，四指并拢握下，如图 5－3－14 所示。

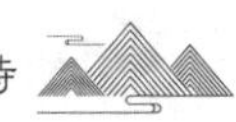

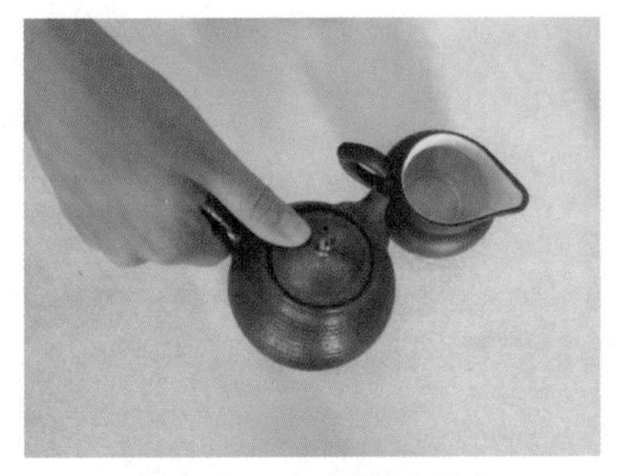

图 5-3-13 握把壶持壶

图 5-3-14 提梁壶持法

5. 无把壶

右手虎口分开，平稳握住壶口两侧外壁（食指亦可抵住盖纽）提壶。

（二）持公道杯（茶盅、茶海）手法

公道杯为均分茶汤用具，其断水性能优劣直接影响到均分茶汤时动作的优雅。滴水四溅是极不礼貌的。所以，在挑选时要特别留意，断水好坏全在于嘴的形状，光凭目测较为困难，以注水试用为佳。

（1）壶型盅　拿取时，右手拇指、食指抓住壶提的上方，中指顶住壶提的中侧，其余二指并拢，如图 5-3-15 所示。

（2）无把盅　拿取时，右手拇指食指中指拿住盅沿下方，其余二指并拢，如图 5-3-16 所示。分茶结束时，轻轻向内旋转杯口断水。

图 5-3-15 壶型盅

图 5-3-16 无把盅

（三）茶巾的使用方法

1. 使用规范

（1）茶巾只能擦拭茶具外部，不能擦拭茶具内部。不使用茶巾擦桌子、抹污渍，应保持清洁卫生。

（2）在泡茶过程中，将双手轻轻搭在茶巾上，是泡茶礼仪的基本规范之一。

（3）茶巾的使用示范：一只手拿着茶具，另一只手的拇指在上，其余四指在下托住茶巾，用茶巾擦拭水渍和茶渍，如图 5-3-17 所示。

图 5-3-17 茶巾的使用

2. 折法

(1) 长方形(八层式)　将正方形的茶巾平铺桌面,茶巾上下对应横折至中心线处,接着将左右两端竖折至中心线,最后将茶巾竖着对折即可,如图 5-3-18 所示。将折好的茶巾放在茶盘内,折口朝内。

(2) 正方形(九层式)　将正方形的茶巾平铺桌面,将下端向上平折至茶巾 2/3 处,接着将茶巾对折,然后将茶巾右端向左竖折至 2/3 处,最后对折即成正方形。将折好的茶巾放茶盘中,折口朝内,如图 5-3-19 所示。

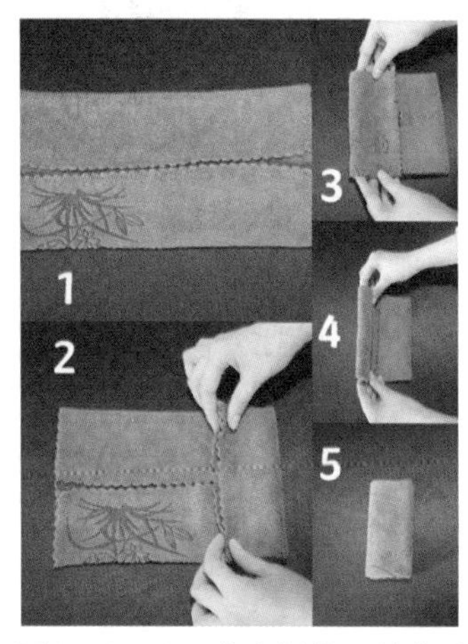

图 5-3-18　茶巾折叠—长方形

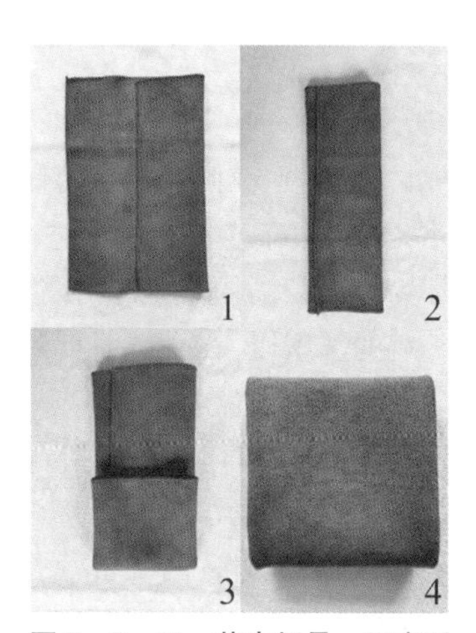

图 5-3-19　茶巾折叠—正方形

茶事服务接待礼仪技能评分表

姓名:　　　　　　　　　学号:

项目	要求和评分标准	分值	组内评分	教师评分	最终得分
迎送接待礼 15 分	迎宾入门距离角度规范,使用迎宾用语,能够迅速招待,并耐心解答	5			
	送宾前拉椅,送客再后,礼貌与宾客告别	5			
	正确使用礼貌接待用语,做到待客“五声”	5			
递接物品礼 15 分	双手递送,递于手中,主动上前	5			
	递送茶杯手触碰杯身的上面 1/3 处,右手端杯,左手托底	5			
	递送文件资料,将字的正面朝向对方,双手递送	5			

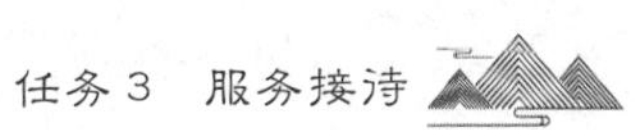

续 表

项目	要求和评分标准	分值	组内评分	教师评分	最终得分
接待鞠躬礼 10分	一脚在前一脚在后呈丁字状，两脚之间夹角为15°～30°	2			
	右手置于左手手指之上，呈八字叠放，四指合拢	2			
	站式鞠躬礼：以腰为轴，上身挺直，手置于腹前，面带微笑，俯下和起身速度一致	2			
	坐式鞠躬礼：以腰为轴，上身挺直，手置于双膝上或双腿中、后部位置，面带微笑，俯下和起身速度一致	2			
	跪式鞠躬礼：以腰为轴，上身挺直，手置于掌心向内，或平扶，或垂直放于地面双膝前位置，面带微笑，俯下和起身速度一致	2			
请茶伸掌礼 10分	四指并拢，虎口分开，手掌略向内凹，伸于敬奉的物品旁，同时欠身点头，动作要一气呵成	4			
	两人相对时：可均伸右手掌请茶	3			
	侧对时：右侧方伸右掌，左侧方伸左掌请茶	3			
奉茶递送礼 10分	奉茶顺序正确，若不清楚顺序按顺时针顺序奉茶	5			
	右手拿杯身，左手托杯底，勿将手触碰杯身的上面1/3处	5			
谢茶叩指礼 15分	长辈给晚辈倒茶：晚辈应右手作跪拜状，轻扣三下	5			
	平辈之间倒茶：应用右手食指、中指并拢，轻扣三下	5			
	晚辈给长辈倒茶：可右手食指轻点一下桌边，表示点头，三下表示欣赏	5			
行茶寓意礼 15分	凤凰三点头	5			
	茶具的字画，应迎向宾客，放置茶壶时，壶嘴不正对客人	5			
	斟茶只斟七分满，当茶杯排成圆形时，讲究逆时针巡壶斟茶	5			
喝茶端茶礼 10	女士拿茶杯时，拇指与食指捏住茶碗，中指托住茶碗底部	10			
	男士拿茶杯时，将大拇指与其余四指自然靠拢，握住茶碗	10			
合计		100			

模块二　实操技能篇

项目六　泡茶

在泡茶过程中，茶友们难免有许多疑问——

“为什么同一款茶，别人泡的比较好喝？”

“泡茶时水温要如何选择？”

“泡各类茶，器具有什么讲究？”

“茶要洗吗？”

越来越多的人已经逐渐认识到泡茶技术的重要性。再好的茶，不会泡，也可能暴殄天物。

茶艺技能比赛一般分为规定茶艺、自创茶艺、茶汤质量比拼和茶席设计。在本项目中，练习规定茶艺，包括不同茶类、器具的冲泡以及茶的调饮方法。

任务 1　玻璃杯冲泡

学习目标

1. 掌握不同嫩度绿茶的投茶方法。
2. 掌握绿茶玻璃杯下投法冲泡技术。

任务描述

采用玻璃杯冲泡形色俱佳的绿茶,可以更直观欣赏整个过程,看着茶叶慢慢舒展开来,茶香从玻璃杯中溢出,是盖碗和壶不能带来的视觉享受。现需要你根据不同的绿茶品质特征,选择不同的投茶方式,并用玻璃杯冲泡出口感鲜爽的绿茶。

任务分析

本任务重点训练的手法是翻杯、提壶、温杯、浸润泡等环节;难点是凤凰三点头注水手法和把握茶汤质量。

任务准备

名称	数量	已取	已还	名称	数量	已取	已还
茶盘	1			大口径玻璃杯	3		
茶道组	1			透明杯垫	3		
茶叶罐	1			水盂	1		
茶巾	1			水壶	1		
茶荷	1			绿茶	6 g		

任务实施

规定茶艺演示是以泡好一杯茶汤、呈现茶艺之美为目的,统一茶样、器具、基本流程,动态地演示泡茶过程。扎实的理论知识与专业的泡茶技术是泡好一杯中国茶的重要条件。绿茶玻璃杯下投法的冲泡流程是:冲泡前备具、备茶、备水—上场—放盘—行鞠躬礼—入座—布具—行注目礼—温杯—取茶—赏茶—置茶—润茶—摇香—冲泡—奉茶—收具—行鞠躬礼—退回。

图6-1-1 玻璃杯冲泡具备

步骤1:备具、备茶和备水 检查水壶中的水量是否达到最高水线,是否是沸水,茶叶罐中茶叶量是否按照茶水比1∶50的要求准备。按照图6-1-1所示摆放。

知识链接

绿茶冲泡三要素是保证绿茶口感适中的重点:

(1) 投茶量(茶水比) 1∶50;

(2) 水温 名优绿茶75～85℃,普通绿茶80～90℃,老叶绿茶沸水冲泡;

(3) 冲泡时间 头泡30～50秒,杯中剩有1/3茶汤时续水。

步骤2:上场 如图6-1-2所示,端盘上场,右脚开步,目光平视;身体为站姿,放松,舒适;上手臂自然下垂,腋下空松,小手臂以肘平;茶盘高度以舒适为宜,与身体有半拳的距离。

上场至入座

步骤3:放盘 走至茶桌前直角转弯,面对品茗者;身体为站姿,双手端盘,肩关节放松,双手臂自然下垂,双脚并拢;脚尖与凳子的前缘平,并紧靠凳子。

右蹲姿,右脚在左脚前交叉,身体中正,重心下移;双手向左推出茶盘,放于桌面中间位置,如图6-1-3所示;双手、右脚同时收回,成站姿。

图6-1-2 上场

图6-1-3 放盘

步骤 4：行鞠躬礼 头背呈一条直线；以腰为中心，身体前倾 15°，停顿 3 秒钟，起身。

步骤 5：入座 右入座，右脚向前一步，左脚并拢，左脚向左一步，右脚并拢，身体移动至凳子前抚平裙子坐下。

步骤 6：布具 从右至左布置茶具：

布具行注目礼

（1）移水壶 右手握提梁，左手虚护水壶。双手捧壶表恭敬。提起后沿弧线放于右侧茶盘旁，如图 6-1-4 所示。

（2）移水盂 双手捧水盂，沿弧线移至水壶后稍靠近茶盘，与水壶呈斜线。

（3）移茶荷 双手手心朝下，虎口成弧形，手心为空，握茶荷，放于茶盘后左侧。

（4）移茶巾 双手手心朝上，虎口成弧形，手心为空，托茶巾，放于茶盘后右侧。

（5）移茶道组 双手捧茶道组，沿弧形移至茶盘左侧前端。

（6）移茶罐 双手捧茶罐，沿弧形移至茶盘左侧后端，如图 6-1-5 所示。

图 6-1-4 移水壶

图 6-1-5 移茶罐

（7）移杯子 将三个杯子均匀摆放在茶盘左下角至右上角，呈斜一字。

（8）翻杯 从右到左顺序为 1 号杯、2 号杯、3 号杯，手法如图 6-1-6 所示。

布具完成，如图 6-1-7 所示。纵向看，茶盘左侧，茶道组与茶罐成斜线，茶盘右侧水壶与水盂呈斜线；横向看，茶道组与水壶成一行，茶叶罐与水盂成一行；茶荷与茶巾放于茶盘后，以不超过茶盘长度为界。三个品茗杯在茶盘里对角线上。

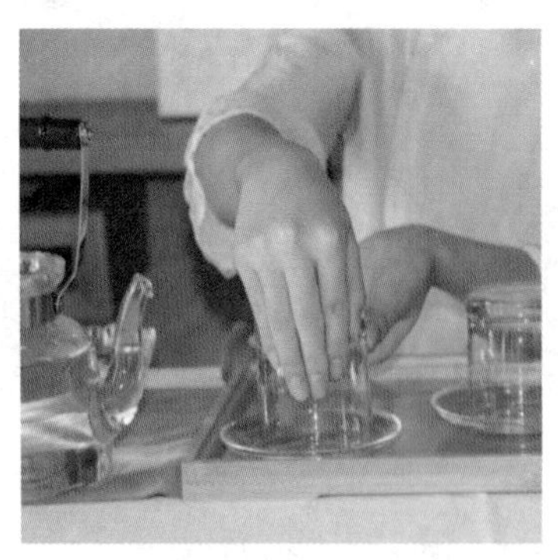

图 6-1-6 翻杯子

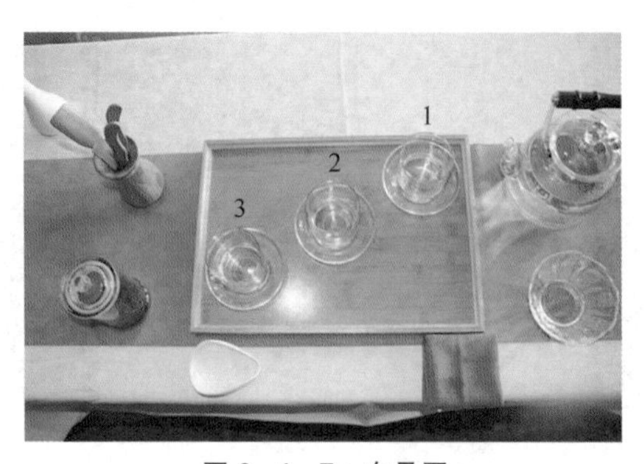

图 6-1-7 布具图

步骤 7：行注目礼　如图 6－1－8 所示，正面对着品茗者，坐正，面带微笑，用目光与品茗者交流，意为“我准备好了，将为您泡一杯香茗。请耐心等待。”

图 6－1－8　行注目礼

温杯

步骤 8：温杯

（1）右手提水壶，先沿弧线收回至胸前，调制壶嘴方向，往 1 号杯逆时针注水至 1/3 处。

（2）手腕转动调制壶嘴方向，往 2 号杯注水至 1/3 处。

（3）腰带着身体向左转，手腕转动调制壶嘴方向，往 3 号杯注水至 1/3 处。放回水壶。

（4）双手捧起 1 号杯转动手腕，逆时针温杯（后、右、前、左、后一圈），如图 6－1－9 所示。右手握杯，左手护住杯底弃水，如图 6－1－10 所示。在茶巾上压一下放回在杯托上。

图 6－1－9　逆时针温杯

图 6－1－10　弃水

（5）同样方法温 2 号杯、3 号杯。

步骤 9：取茶　如图 6－1－11 所示，左手从茶筒中取茶拨，移至胸前交给右手，搭在茶巾上。如图 6－1－12 所示，双手捧茶罐开盖，双手拇指按住茶叶罐的盖子，用拇指推开盖子；左手拿茶罐，右手把盖子放在茶盘右下侧，右手拿茶拨把茶叶拨出，如图 6－1－13 所示。茶拨搁于茶巾上，茶拨头部伸出，茶叶罐合盖放回原处。

取茶

图 6－1－11　取茶拨

图 6－1－12　捧茶罐

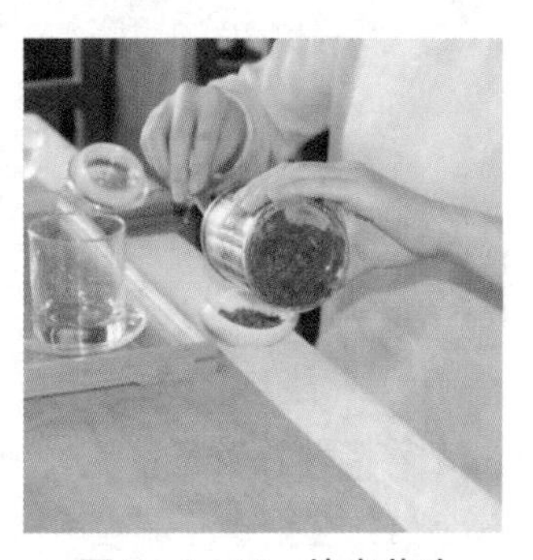

图 6－1－13　拨出茶叶

赏茶置茶

步骤 10：赏茶

(1) 手心朝下，四指并拢，虎口成弧形，双手握茶荷。左手下滑托住茶荷，右手下滑托住茶荷，成双手托茶荷状，如图 6－1－14 所示。

(2) 赏茶，手臂成放松的弧形，腰带着身体从右转至左。目光与品茗者交流，意为“这是制茶人用心制造的茶，我将用心去泡好它，请您用心品味”。

步骤 11：置茶

(1) 右手取茶拨，置茶，茶荷与杯成 45°，让茶入杯，如图 6－1－15 所示。

图 6－1－14　赏茶

图 6－1－15　置茶

(2) 同样方法置茶于 2 号杯和 3 号杯。注意茶叶要均匀的分到三个杯中，不能遗落到玻璃杯外面。

(3) 左手将茶荷放回原位。

(4) 右手将茶拨转给左手，左手将茶拨放回茶筒中，如图 6－1－16 所示。

(a)

(b)

(c)

图 6－1－16　放回茶拨

知识链接

不同嫩度绿茶的投茶方式

依据绿茶原材料的老嫩程度和自身轻重等特点，有三种选择。

(1) 上投法　先在玻璃杯中注七分满的水，然后向杯中投放茶叶，如图 6－1－17 所示。

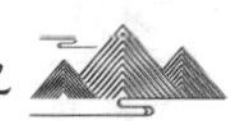

这种方法适用于茶芽细嫩，紧细重实的茶叶，比如都匀毛尖的碧螺春等。茶芽避免水流激荡，自然与水浸润，茶汤细柔、爽口、甘甜。这种泡法还有一个好听的名字：落英缤纷。

图6-1-17 上投法

(2) 中投法 先在玻璃杯中注水三分，放入茶叶，轻轻摇晃使茶叶与水初步浸润。然后，再向杯中注满七分水，使茶叶被水充分浸润，如图6-1-18所示。这种方法适用于茶芽细嫩，叶张扁平或茸毫多而易浮水面的茶叶，如持嫩度高的湄潭翠芽、西湖龙井等。

图6-1-18 中投法

(3) 下投法 先在杯中放入茶叶，注入少量足以浸润茶叶的水，轻轻摇晃使茶叶与水初步浸润。然后，再向杯中注满七分水使茶叶与水充分浸润，如图6-1-19。这种方法适用于茶叶嫩度不高、芽叶肥大的茶叶。一般来说，一叶一芽或者一叶一芽以上的茶叶都可以采用这种冲泡方式。

图6-1-19 下投法

步骤12：润茶

(1) 右手提水壶，转动手腕逆时针注水至1/4处，要求水柱均匀连贯。

(2) 相同方法向2号杯、3号杯注水，注水毕将水壶放回原处。

步骤13：摇香 如图6-1-20所示，捧起1号玻璃杯摇香，慢速逆时针旋转一圈，快速旋转两圈，1号杯放回原位。2号杯、3号杯方法相同。

图6-1-20 摇香

润茶摇香

冲泡-凤凰三点

步骤 14：冲泡　右手取水壶，依次向杯中注水。采用凤凰三点头技术，即高提水壶，让水直泻而下；接着利用手腕的力量，上下提拉注水；反复三次，让茶叶在水中翻动。注水至玻璃杯七分满。观察茶在水中的动态，缓慢舒展，游弋沉浮，称为茶舞。

步骤 15：奉茶

（1）先端盘再起身，如图 6－1－21(a)所示，转身，右脚开步向品茗者前奉茶。端盘至品茗者前，端盘行奉前礼，品茗者回礼。

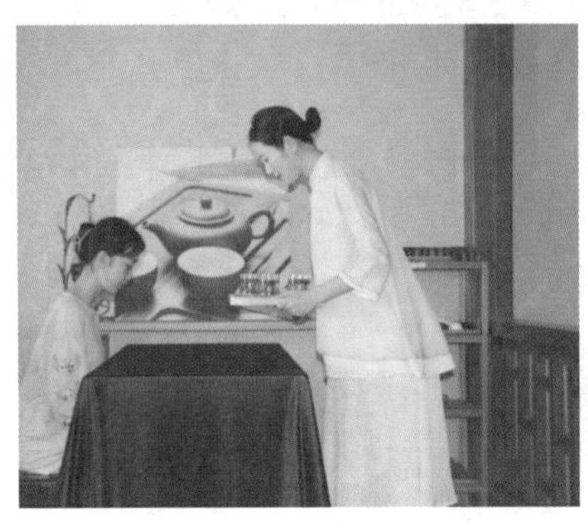
(a)

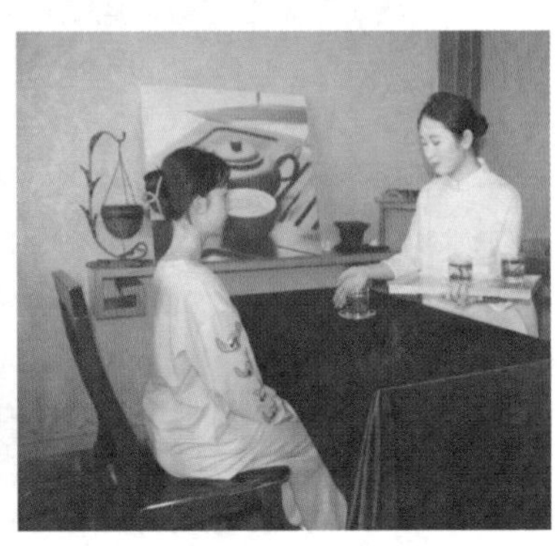
(b)

图 6－1－21　奉茶

奉茶

（2）换成左手托盘，右蹲姿，右手端杯及托，至品茗者伸手可及处。手掌伸直请品茗者喝茶，品茗者回礼，如图 6－1－21(b)所示。起身，左脚向后退一步，右脚并上，行奉后礼，品茗者回礼。

（3）转身，移动盘内的玻璃杯至均匀分布，如图 6－1－22 所示，移步到另一位品茗者正对面再奉茶。

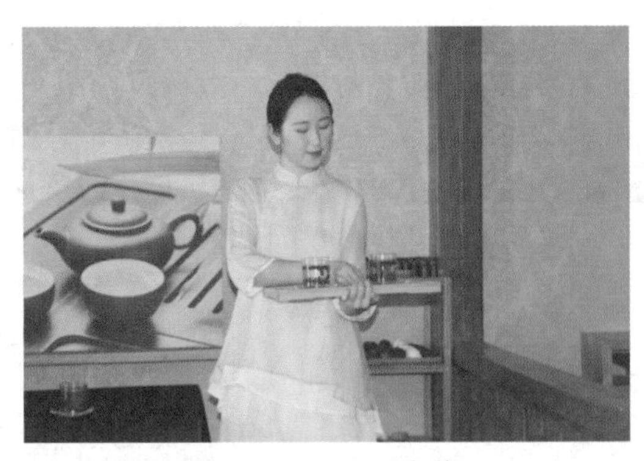

图 6－1－22　再奉茶

步骤 16：收具

（1）双手放下茶盘入座，如图 6－1－23 所示。

（2）从左至右收具，器具原路返回。最后移出的器具最先收回，并放回至茶盘原来的位置上。

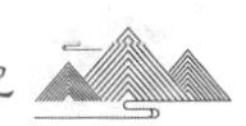

(a)　　　　(b)

图6-1-23　放下茶盘落座

(3) 收茶罐，双手捧茶罐至胸前，放回茶盘左上方原处；收茶道组，双手捧至胸前放回茶盘左侧原来位置上，如图6-1-24所示。

收具

(4) 收茶巾，收茶荷叠放于茶巾上，如图6-1-25所示。

图6-1-24　收茶罐和茶道组

图6-1-25　收茶荷

(5) 收水盂，双手捧水盂至胸前，放回原处，如图6-1-26所示。

(6) 收水壶，右手提水壶，左手为虚，放回原位。

步骤17：行鞠躬礼　端茶盘起身，左脚后退一步，右脚并上，行鞠躬礼，如图6-1-27所示。

行鞠躬礼退回

玻璃杯冲泡技术完整版

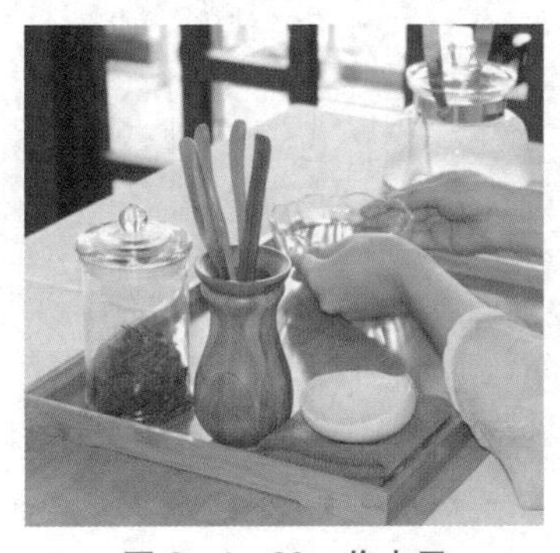
图6-1-26　收水盂

图6-1-27　鞠躬

步骤18：退回　收回的茶具，放于茶盘上原来的位置，那是它们的“家”。表演结束后，端到清洗间清洗。

任务评价

评分标准与评分细则

第　组，选手姓名：　　　　顺序号：　　　　得分：

项目	分值分配	要求和评分标准	扣分细则	扣分	得分
茶样品质鉴别15分	15	能正确判断绿茶的外形、汤色、香气、滋味、叶底的优点与缺点	(1) 正确描述茶样的特点9个(含)以上，不扣分 (2) 正确描述茶样的特点7～8个，扣2分 (3) 正确描述茶样的特点5～6个，扣4分 (4) 正确描述茶样的特点3～4个，扣6分 (5) 正确描述茶样的特点1～2个，扣8分 (6) 正确描述茶样的特点0个，扣10分		
礼仪仪表仪容10分	3	发型、服饰端庄自然	发型、服饰尚端庄自然，扣0.5分 发型、服饰欠端庄自然，扣1分		
	3	形象自然、得体、优雅，表情自然，具有亲和力	表情木讷，眼神无恰当交流，扣0.5分 神情恍惚，表情紧张不自如，扣1分 妆容不当，扣1分		
	4	动作、手势、站立姿、坐姿、行姿端正得体	坐姿、站姿、行姿尚端正，扣1分 坐姿、站姿、行姿欠端正，扣2分 手势中有明显多余动作，扣1分		
茶席布置5分	3	器具选配功能、质地、形状、色彩与茶类协调	茶具色彩欠协调，扣0.5分 茶具配套不齐全，或有多余，扣1分 茶具之间质地、形状不协调，扣1分		
	2	器具布置与排列有序、合理	茶具、席面欠协调，扣0.5分 茶具、席面布置不协调，扣1分		
茶艺演示30分	10	水温、茶水比、浸泡时间设计合理，并调控得当	不能正确选择所需茶叶扣5分 冲泡程序不符合茶性，洗茶，扣3分 选择水温与茶叶不相适宜，过高或过低，扣1分 水量过多或太少，扣1分		
	10	操作动作适度，顺畅，优美，过程完整，形神兼备	操作过程完整顺畅，稍欠艺术感，扣0.5分 操作过程完整，但动作紧张僵硬，扣1分 操作基本完成，有中断或出错二次及以下，扣2分 未能连续完成，有中断或出错三次及以上，扣3分		
	5	泡茶、奉茶姿势优美端庄，言辞恰当	奉茶姿态不端正，扣0.5分 奉茶次序混乱，扣0.5分 不行礼，扣0.5分		
	5	布具有序合理，收具有序	布具、收具欠有序，扣0.5分 布具、收具顺序混乱，扣1分 茶具摆放欠合理，扣0.5分 茶具摆放不合理，扣1分		

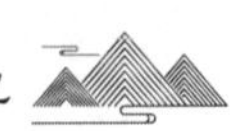

续　表

项目	分值分配	要求和评分标准	扣分细则	扣分	得分
茶汤质量35分	25	茶的色、香、味等特性表达充分	未能表达出茶色、香、味其一者,扣5分 未能表达出茶色、香、味其二者,扣8分 未能表达出茶色、香、味其三者,扣10分		
	5	所奉茶汤温度适宜	温度略感不适,扣1分 温度过高或过低,扣2分		
	5	所奉茶汤适量	过多(溢出茶杯杯沿)或偏少(低于茶杯1/2),扣1分 各杯不均,扣1分		
时间5分	5	在6～10分钟内完成	误差3分钟(含)以内,扣1分 误差3分钟～5分钟(含),扣2分 超过5分钟,扣5分		

签名：　　　　　　　　年　月　日

能力拓展

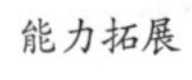

能力拓展

1. 扫描二维码,下载解说词,根据解说词和表演范例,设计庐山云雾茶茶艺表演。
2. 其他常见的绿茶冲泡方法。

任务2　盖碗冲泡

学习目标

1. 掌握不同茶类的投茶方法。
2. 熟练掌握盖碗的冲泡技能。

任务描述

中国人品茶讲究察色、闻香、观形和细品。用盖碗泡茶，便于观色闻香，且适合冲泡各种茶类，素有万能茶具之称。成熟的茶艺师可以在泡茶过程中人为控制香气、滋味、汤感之间的协调关系，可以用盖碗泡出无穷的变化。现需要你掌握六大茶类盖碗冲泡的三要素，并以红茶为重点，正确运用盖碗冲泡技能，冲泡出口感醇正的红茶茶汤。

任务分析

最初用盖碗泡茶时，非常容易烫到手指，有些人拿不稳盖碗，还容易打翻。要注意注水量、拿盖碗的位置和拿盖碗的手势。重点牢记不同茶类的茶水比、冲泡水温和冲泡时间；难点是用完整的盖碗冲泡流程，针对不同的茶类，灵活运用泡茶三要素，将不同茶类的口感特征冲泡出来。

任务准备

名称	数量	已取	已还	名称	数量	已取	已还
茶盘	1			品茗杯	3		
茶叶罐	1			水盂	1		
茶巾	1			水壶	1		

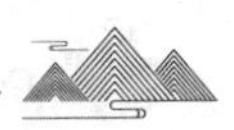

续 表

名称	数量	已取	已还	名称	数量	已取	已还
茶荷	1			红茶	3～5 g		
杯托	3			公道杯	1		
盖碗	1						

任务实施

备具、备水—备茶—上场—放盘—行鞠躬礼—入座—布具—行注目礼—取茶—赏茶—温盖碗—弃水—置茶—润茶—摇香—冲泡—温公道杯—温杯—沥汤—分汤—奉茶—收具—行鞠躬礼—退回。

图6-2-1 备具

步骤1：备具、备水 如图6-2-1所示，三个品茗杯倒扣在托盘上，形成“品”字形，放于茶盘中间，其余器具左右两边均匀分布。茶盘内右下角放水壶，右上角放水盂，茶荷叠于茶巾上放于茶盘中间内侧，公道杯、盖碗、茶叶罐依次放于左侧。各器具在茶盘中均有固定位置。

检查水壶中的水量是否达到最高(max)水线，是否是沸水。

步骤2：备茶 根据主泡器容量准备适量茶叶。红茶的茶水比为1∶50。

步骤3：上场 同任务1。

上场

步骤4：放盘 双手向外推出茶盘，放于桌面中间位置。

步骤5：行鞠躬礼 头背呈一条直线；以腰为中心，身体前倾15°，停顿3秒钟；身体带着手起身成站姿。

步骤6：入座 左入座，左脚向前一步，右脚并拢，右脚向右一步，左脚并拢，身体移动至凳子前抚平裙子坐下。

步骤7：布具 从右至左布置茶具。

(1) 移水壶 先捧水壶，右手握提梁，左手虚护水壶。双手捧壶表恭敬。提起后沿弧线放于右侧茶盘旁，如图6-2-2所示。

布具

(2) 移水盂 双手捧水盂，沿弧线移至水壶后稍靠近茶盘，与水壶呈斜线，如图6-2-3所示。

(3) 移茶荷 双手手心朝下，虎口成弧形，手心为空，握茶荷，从中间移至左侧，放于茶盘后。

(4) 移茶巾 双手手心朝上，虎口成弧形，手心为空，托茶巾，从中间移至右侧，放于茶盘后。

图 6－2－2　移水壶

图 6－2－3　移水盂

图 6－2－4　大“品字形”放置

（5）移茶罐　双手捧茶罐，沿弧形移至茶盘左侧前端，左手向前推，右手为虚。

（6）移盖碗　双手端起盖碗碗托，移至茶盘右下角。

（7）移茶公道杯　双手捧茶公道杯移至茶盘左下角，与盖碗、品茗杯在茶盘中形成一个大的“品”字形，如图 6－2－4 所示。

（8）翻杯　次序为 1 号杯、2 号杯、3 号杯。

布具完成。茶盘右侧，水盂与水壶成斜线，左侧若有两个器具也要放成斜线，以便看到器具和动作。茶荷与茶巾放于茶盘后，以不超过茶盘长度为界。

步骤 8：行注目礼　同任务 1。

步骤 9：取茶　双手捧茶罐开盖，双手拇指按住茶叶罐的盖子，用拇指推开盖子；右手把盖子放在茶盘右下侧；右手拿起茶荷，左手拿茶叶罐旋转，把茶叶倒出。茶叶罐放在茶盘左手下侧。

步骤 10：赏茶

取茶赏茶

（1）双手托茶荷，手臂成放松的弧形，腰带着身体从右转至左。

（2）茶罐合上盖子，放回原处。

步骤 11：温盖碗

（1）右手揭开碗盖，从里往右侧，沿弧线，插于碗托与碗身之间。

（2）提壶注水至 1/3 碗，将壶放回原处。盖碗加盖。

（3）双手转动手腕，逆时针温盖碗（后、右、前、左一圈回正），如图 6－2－5 所示。

步骤 12：弃水

（1）温碗毕，左手托碗，右手持碗盖，碗左边留一条缝隙，弃水，如图 6－2－6 所示。

（2）碗底在茶巾上压一下，以吸干碗底的水。放于原位。

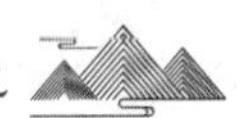

图6-2-5　温盖碗

图6-2-6　弃水

步骤13：置茶

（1）揭开碗盖插于托于碗身之间。

（2）置茶，茶荷与盖碗成45°，让茶入盖碗，如图6-2-7所示。

（3）右手置茶时，左手半握拳搁在茶桌上，与肩同宽（或用左手托右手，取决于个人习惯）。

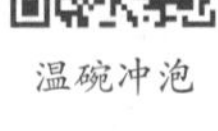
温碗冲泡

（4）茶荷扣下放回原处。

步骤14：润茶

（1）右手提水壶，转动手腕逆时针注水至1/4碗，如图6-2-8所示。

图6-2-7　置茶

图6-2-8　润茶

（2）水壶沿弧线放回原处。加盖。

步骤15：摇香　捧起盖碗摇香，慢速逆时针旋转一圈，快速旋转两圈，如图6-2-9所示，盖碗放回原位。

步骤16：冲泡　右手开盖，把盖子插在托和盖碗之间，右手取水壶，定点冲泡至七分满。

步骤17：温公道杯

（1）往茶公道杯里注水至六分满。水壶放回原处，加盖碗盖。

（2）温公道杯，逆时针旋转，如图6-2-10所示。

（3）公道杯的水依次注入1号杯、2号杯、3号杯。

（4）公道杯在茶巾上压一下，吸干底部的水放回原处。

温公道杯
沥汤

图 6-2-9　摇香

图 6-2-10　温公道杯

步骤 18：温杯

（1）逆时针温 1 号杯，弃水，如图 6-2-11 所示。杯底在茶巾上压一下，将 1 号杯放回原处。

（2）温 2 号杯弃水，方法同上。

（3）温 3 号杯弃水。

温杯的速度根据投茶量、水温而定，水温高、茶量多速度快，反之，速度宜慢，要灵活掌握。

（a）　　（b）

图 6-2-11　温杯

步骤 19：沥汤

（1）右手移碗盖，盖碗左边流出一条缝隙，沥茶汤，如图 6-2-12 所示。

（2）盖碗口垂直于公道杯口平面，茶汤沥干净后，盖碗放回原处。

步骤 20：分汤

分汤奉茶

（1）端公道杯，压一下茶巾，吸干水渍。

（2）依次低斟茶汤至 1、2、3 号品茗杯，至七分满，如图 6-2-13 所示。

（3）公道杯压一下茶巾，放回原处。

图6-2-12 沥汤

图6-2-13 分汤

步骤21：奉茶

(1) 将盖碗放于茶盘左侧茶罐后，略靠近茶盘。

(2) 捧公道杯放于茶盘左侧盖碗后，与茶罐、盖碗呈斜线，如图6-2-14所示。

(3) 双手虎口成弧形握杯托，先往里移动，再往两边移，2号杯移至茶盘左下角，3号杯移至右下角。三个品茗杯形成“品”字形。

(4) 先端盘再起身，如图6-2-15所示。转身右脚开步向品茗者前奉茶。端盘至品茗者前，端盘行奉前礼，品茗者回礼，如图6-2-16所示。

图6-2-14

图6-2-15 起身

(5) 换成左手托盘，右蹲姿，右手端杯及拖，至品茗者伸手可及处。手掌伸直请品茗者喝茶，品茗者回礼，如图6-2-17所示。起身，左脚向后退一步，右脚并上，行奉后礼，品茗者回礼。

图6-2-16 奉前礼

图6-2-17 请茶

（6）移步到另一位品茗者正对面再奉茶。

收具

步骤 22：收具

（1）右手往后滑至茶盘右下角，双手放下茶盘入座。

（2）从左至右收具，器具原路返回，最后移出的器具最先收回，并放回至茶盘原来的位置上。

（3）收公道杯，双手捧公道杯至胸前放回原处。

（4）收盖碗，双手捧盖碗至胸前，放回原处。

（5）收茶罐，双手捧茶罐至胸前放回原处。

（6）收茶巾，收茶荷叠放于茶巾上。收水盂放于原位。

（7）收水壶，左手提水壶，右手为虚，放回原位。

步骤 23：行鞠躬礼　端茶盘起身行鞠躬礼。

步骤 24：退回　收回的茶具，放于茶盘上原来的位置，那是它们的“家”。

红茶全

任务评价

评分标准与评分细则

第　组，选手顺序号：　　　　　得分：

项目	分值分配	要求和评分标准	扣分细则	扣分	得分
茶样品质鉴别 15 分	15	能正确判断茶样的外形、汤色、香气、滋味、叶底的优点与缺点	（1）正确描述茶样的特点 9 个（含）以上，不扣分 （2）正确描述茶样的特点 7～8 个，扣 2 分 （3）正确描述茶样的特点 5～6 个，扣 4 分 （4）正确描述茶样的特点 3～4 个，扣 6 分 （5）正确描述茶样的特点 1～2 个，扣 8 分 （6）正确描述茶样的特点 0 个，扣 10 分		
礼仪仪表仪容 10 分	3	发型、服饰端庄自然	发型、服饰尚端庄自然，扣 0.5 分 发型、服饰欠端庄自然，扣 1 分		
	3	形象自然、得体，优雅，表情自然，具有亲和力	表情木讷，眼神无恰当交流，扣 0.5 分 神情恍惚，表情紧张不自如，扣 1 分 妆容不当，扣 1 分		
	4	动作、手势、站立姿、坐姿、行姿端正得体	坐姿、站姿、行姿尚端正，扣 1 分 坐姿、站姿、行姿欠端正，扣 2 分 手势中有明显多余动作，扣 1 分		
茶席布置 5 分	3	器具选配功能、质地、形状、色彩与茶类协调	茶具色彩欠协调，扣 0.5 分 茶具配套不齐全，或有多余，扣 1 分 茶具之间质地、形状不协调，扣 1 分		
	2	器具布置与排列有序、合理	茶具、席面欠协调，扣 0.5 分 茶具、席面布置不协调，扣 1 分		

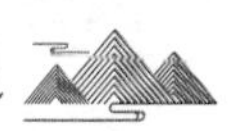

续　表

项目	分值分配	要求和评分标准	扣 分 细 则	扣分	得分
茶艺演示 30 分	10	水温、茶水比、浸泡时间设计合理，并调控得当	不能正确选择所需茶叶扣 5 分 冲泡程序不符合茶性，洗茶，扣 3 分 选择水温与茶叶不相适宜，过高或过低，扣 1 分 水量过多或太少，扣 1 分		
	10	操作动作适度，顺畅，优美，过程完整，形神兼备	操作过程完整顺畅，稍欠艺术感，扣 0.5 分 操作过程完整，但动作紧张僵硬，扣 1 分 操作基本完成，有中断或出错二次及以下，扣 2 分 未能连续完成，有中断或出错三次及以上，扣 3 分		
	5	泡茶、奉茶姿势优美端庄，言辞恰当	奉茶姿态不端正，扣 0.5 分 奉茶次序混乱，扣 0.5 分 不行礼，扣 0.5 分		
	5	布具有序合理，收具有序	布具、收具欠有序，扣 0.5 分 布具、收具顺序混乱，扣 1 分 茶具摆放欠合理，扣 0.5 分 茶具摆放不合理，扣 1 分		
茶汤质量 35 分	25	茶的色、香、味等特性表达充分	未能表达出茶色、香、味其一者，扣 5 分 未能表达出茶色、香、味其二者，扣 8 分 未能表达出茶色、香、味其三者，扣 10 分		
	5	所奉茶汤温度适宜	温度略感不适，扣 1 分 温度过高或过低，扣 2 分		
	5	所奉茶汤适量	过多（溢出茶杯杯沿）或偏少（低于茶杯 1/2），扣 1 分 各杯不均，扣 1 分		
时间 5 分	5	在 6～10 分钟内完成茶艺演示	误差 3 分钟（含）以内，扣 1 分 误差 3～5 分钟（含），扣 2 分 超过 5 分钟，扣 5 分		

签名：　　　　　　　　年　月　日

能力拓展

扫二维码，了解更多冲泡知识：

1. 注水和出汤方式对茶汤品质的影响。
2. 盖碗泡茶的好处。
3. 不同茶品搭配盖碗的方法。

能力拓展

任务3　小壶双杯冲泡技术

学习目标

1. 掌握乌龙茶冲泡三要素。
2. 掌握小壶双杯冲泡技术流程。
3. 熟练运用小壶双杯冲泡法冲泡颗粒状乌龙茶。

任务描述

乌龙茶大多用小壶或盖碗泡。小壶为深腹敛口的容器，保温性能好，加盖后聚香，茶叶香气不易挥发失散。汤中含香比碗、杯泡茶的要高。小壶双杯是指一把小壶，几组品茗杯和闻香杯。现需要你准备一套小壶双杯紫砂茶具，在掌握乌龙茶的冲泡三要素的知识点后，用小壶双杯冲泡流程的一系列动作，冲泡颗粒状乌龙茶。

任务分析

功夫茶还是工夫茶潮州工夫茶概要

动作、流程、茶汤三者关联密切，同等重要。初学者往往记得这个动作，忘了下个动作；记着流程，又忘记了茶汤浓度的控制。本任务的学习重点是乌龙茶冲泡三要素和小壶双杯冲泡技术流程；学习难点是应用小壶双杯冲泡法冲泡出口感适中的乌龙茶。

任务准备

名称	数量	已取	已还	名称	数量	已取	已还
双层茶盘	1			紫砂壶	1		
奉茶盘	1			品茗杯	5		
茶叶罐	1			闻香杯	5		

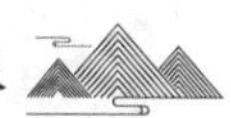

续　表

名称	数量	已取	已还	名称	数量	已取	已还
茶巾	1			水壶	1		
茶荷	1			乌龙茶	5 g		
杯托	5			炭炉/酒精炉	1		

任务实施

冲泡流程：备具、备茶、备水—上场—放盘—行鞠躬礼—入座—布具—行注目礼—取茶—赏茶—温壶—置茶—冲泡—淋壶—温杯—分汤—奉茶—示饮—收具—行鞠躬礼—退回。

步骤1：备具、备茶、备水

水壶先放于炉上煮水(或用煮水器煮水)。奉茶盘放在左侧桌面上，称铁观音5克放入茶罐备用。

五个品茗杯与五个闻香杯倒扣，分三排摆成倒三角形放于茶盘中间前部；杯托倒扣，叠放于茶巾上，放在茶盘中间内侧；茶荷倒扣在左上角，茶罐放在左下角，茶壶放于右侧中间。茶具需要按照如图6-3-1所示摆放正确。

图6-3-1　备具

知识链接

水温、投茶量和冲泡时间的控制

(1) 水温　颗粒状乌龙茶以沸水冲泡，有利于茶香的挥发和茶叶内含物质的浸出。

(2) 投茶量　茶水比为1∶20～1∶30。

(3) 冲泡时间　颗粒状的乌龙茶外形卷曲、紧实，吸水后茶叶才舒展，茶叶内含物质溶出所需的时间会比外形松散的茶略长。所以第一泡从茶与水相遇时计时30～45秒出汤，第二泡时间缩短至15～30秒，第三泡开始适当延长，需30～45秒。

投茶量与水温成为两个不变的要素，只有时间是可变的要素。另外，若是发酵偏轻，有青气的颗粒状乌龙茶，第一泡出汤后，易启盖留缝，以散发青气。

上场行礼

步骤 2：上场 端盘上场。

步骤 3：放盘

步骤 4：行鞠躬礼

步骤 5：入座

步骤 6：布具 从右至左布置茶具。

（1）移茶壶 双手提起茶壶，向里移动，放于茶盘右下角，如图 6－3－2 所示。

（2）翻杯托 双手手心朝下，虎口成弧形，手心为空，双手四指压杯托外边，大拇指伸入杯托下面，往上翻。将杯托移至茶盘后右侧，如图 6－3－3 所示。

图 6－3－2 移茶壶

图 6－3－3 翻杯托

（3）移茶巾 双手手心朝上，虎口成弧形，手心为空，托茶巾，将茶巾放于茶盘后左边，如图 6－3－4 所示。

（4）移茶罐 双手捧茶叶罐，走从里向外沿弧形移至茶盘左侧前端，左手向前推，右手为虚，如图 6－3－5 所示。

图 6－3－4 移茶巾

图 6－3－5 移茶罐

（5）移茶荷 左手手心朝下，虎口成弧形，手心为空，握茶荷，移至左侧，放于茶罐后，稍靠近茶盘，与茶罐成斜线。

(6) 翻杯　如图6-3-6所示。次序为1号杯放于1号位,2号杯放于2号位,3号杯放于3号位,4号杯放于4号位,5号杯放于5号位,五个品茗杯似五片花瓣,形成一朵“花”,如图6-3-7所示。

图6-3-6　翻杯

图6-3-7　五个杯的位置

(8) 翻闻香杯　翻1号闻香杯,放于1号位,2号杯放于2号位,3号杯放于3号位,4号杯放于4号位,5号杯放于5号位,如图6-3-8所示。

(9) 布具完成　双手半握拳搁于桌面上,如图6-3-9所示。

图6-3-8　五个闻香杯位置

图6-3-9　布具完成

步骤7:行注目礼

步骤8:取茶　双手捧茶罐开盖,双手拇指按住茶叶罐的盖子,用拇指推开盖子,右手把盖子放在茶盘右下侧,把茶叶罐从左手转移至右手,左手拿起茶荷,右手拿茶叶罐旋转,把茶叶倒出,茶叶罐放在茶盘外右下侧,如图6-3-10所示。

取茶淋壶

步骤9:赏茶　从右向左赏茶后,将茶荷放在茶盘外左下侧。右手取茶罐交左手,右手取茶罐盖,合盖后放回原处。

步骤10:温壶

(1) 右手打开茶壶盖,壶盖走从里至外的弧线。

(2) 壶盖放在闻香杯上，将闻香杯作盖置用，如图 6-3-11 所示。

(3) 提水壶，走从外至里的弧线，移动至茶壶上，注水至满。

(4) 水壶放回。

(5) 茶壶加盖，提起茶壶，温壶的水依次分入 1、2、3、4、5 号闻香杯，水量约 1/2 杯。

继续将水依次分入 1、2、3、4、5 号品茗杯，如图 6-3-12 所示，水量约 1/2 杯。多余的水弃掉。茶壶放回。

图 6-3-10 取茶

图 6-3-11 温壶

图 6-3-12 分入品茗杯

步骤 11：置茶

(1) 打开茶壶盖，搁于闻香杯上。

(2) 左手取茶荷，交至右手。

(3) 茶荷与壶成 45°，让茶入茶壶，如图 6-3-13 所示。

(4) 右手置茶时，左手可护右手或半握拳搁在茶桌上，与肩同宽。

(5) 茶荷放于原位。

步骤 12：冲泡

(1) 提壶高冲，至水将溢出壶面，以利于去除茶沫，如图 6-3-14 所示。

图 6-3-13 置茶

图 6-3-14 冲泡

(2) 水壶放回。

步骤 13：淋壶

(1) 先端起靠近身体的两个闻香杯，两手一前一后淋于壶身上，如图 6-3-15 所示，然

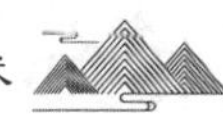

后放回。

（2）再端起中间两个闻香杯，淋壶后放回原位。

（3）端起一号闻香杯，淋壶后放回。

步骤14：温杯

（1）端起靠近身体的两只品茗杯，放入1号品茗杯中，如图6－3－16所示。

图6－3－15 淋壶

图6－3－16 温杯

（2）大拇指向外拨动，转动品茗杯温烫。弃水，放回原位。

（3）端中间两品茗杯放入1号品茗杯中温烫、取出、沥净水，放回。

（4）1号品茗杯弃水，复原位。

注意 淋壶、温杯的速度均较快，时间不超过45秒。

步骤15：分汤

（1）提茶壶将茶汤注入闻香杯，分三巡分汤。

（2）第一巡分汤，依次向1、2、3、4、5号闻香杯注入1/3杯茶。

（3）第二巡分汤，依次低斟至七分满杯，第三巡则把最后茶水依次滴入每杯，以使每一杯茶汤的浓度基本一致，如图6－3－17所示。

（4）茶壶放回原位。

（5）取杯托，放于茶盘上。

（6）取5号闻香杯，在茶巾上压一下，吸干杯底的水，放于茶托上，如图6－3－18所示。

图6－3－17 分汤

图6－3－18 闻香杯放于茶托上

(7) 再取 5 号品茗杯，在茶巾上压一下，吸干杯底的水，倒扣于 5 号闻香杯上，如图 6-3-19 所示。

鲤鱼翻身

(8) 鲤鱼翻身：右手拇指按住品茗杯底，食指和中指夹住闻香杯杯身，手心朝上，手腕抬起至眼眉高度时，手腕快速向内翻使手心朝下，随后缓慢下降至胸前，如图 6-3-20 所示。

图 6-3-19 品茗杯扣上塑闻香杯

图 6-3-20 鲤鱼翻身

(9) 如图 6-3-21 所示，左手接握品茗杯，右手调整到与左手一同捧握品茗杯，放到茶托上。

(10) 换左手握杯托，将杯托同茶杯放于奉茶盘左前侧。虎口成弧形，手指不碰到杯口，须保持身体中正。

(11) 取 4 号品茗杯与闻香杯，鲤鱼翻身后放于茶盘右前侧，如图 6-3-22 所示。

图 6-3-21 捧握品茗杯

图 6-3-22 放入奉茶盘

(12) 取 3 号、2 号品茗杯与闻香杯，鲤鱼翻身后放于奉茶盘左后侧、右后侧。

(13) 取 1 号闻香杯和品茗杯放于茶托上，放于茶盘上。这杯是留给习茶者示饮用的。

端盘起身奉茶前

步骤 16：奉茶 如图 6-3-23 所示。

(1) 起身左脚向左边开步，右脚并上。

(2) 左脚后退一步，成右蹲姿；右手在前，左手在后，端起茶盘。

(3) 先端盘再起身。转身右脚开步向品茗者前奉茶。端盘至品茗者前，端盘行奉前礼，

品茗者回礼，如图 6－3－24 所示。

(a)

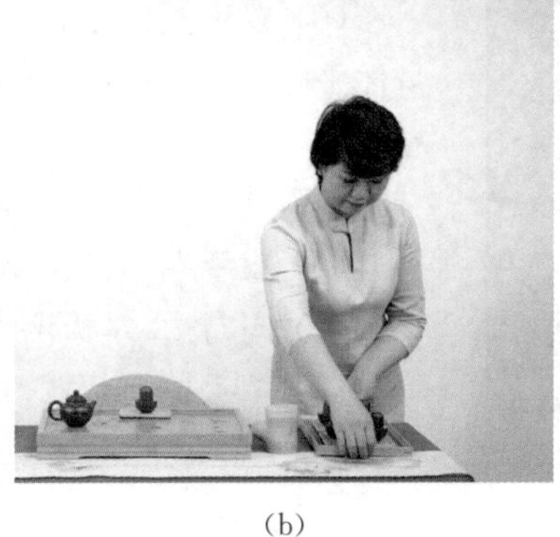

(b)

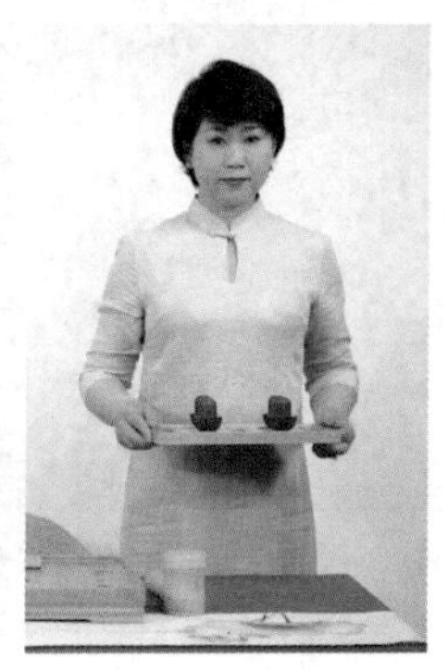

(c)

图 6－3－23　端起茶盘

乌龙茶双杯奉茶冬

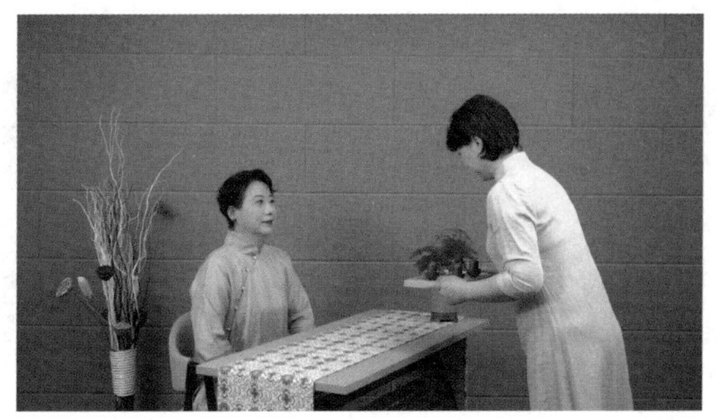

图 6－3－24　奉前礼

(4) 换成左手托盘，右蹲姿，右手端杯及托，至品茗者伸手可及处。手掌伸直请品茗者喝茶，品茗者回礼，如图 6－3－25 所示。起身，左脚向后退一步，右脚并上，行奉后礼，品茗者回礼。

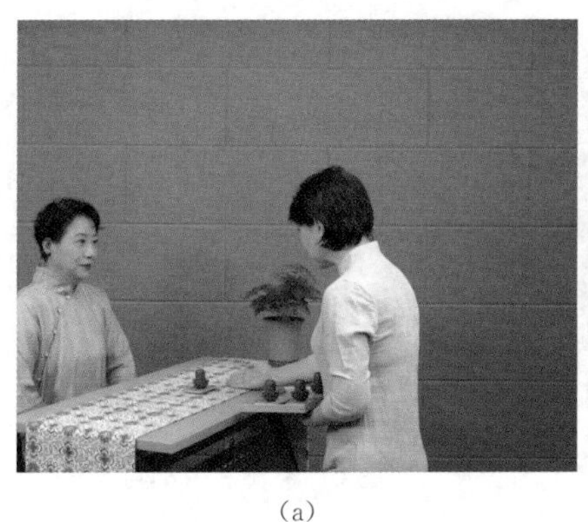

(a)

(b)

图 6－3－25　奉中礼和奉后礼

示饮冬

图 6-3-26　将杯均匀分布

(5) 转身移动盘内的品茗杯至均匀分布，移步到另一位品茗者正对面再奉茶，如图 6-3-26 所示。

(6) 双手握住茶盘短边中间，茶盘靠身体左边，茶盘面与身体平行，茶盘最低一角离身体一拳距离。茶盘靠身体右边亦同。

步骤 17：示饮

(1) 双手端起杯托及茶杯，如图 6-3-27 所示。

(2) 向右边、左边示意可以品茶了，放下。

(3) 左手护品茗杯，右手握闻香杯。右手向里轻轻转动闻香杯，往上提，如图 6-3-28 所示。

图 6-3-27　托起茶杯

图 6-3-28　转动闻香杯

(4) 右手握杯，左手护住，由近及远，三次闻香，如图 6-3-29 所示。

(5) 放下闻香杯，端起品茗杯，先观汤色，再小口品饮，分三口喝完，如图 6-3-30 所示。

图 6-3-29　闻香

图 6-3-30　品饮

(6) 将品茗杯放回杯托上，杯与杯托移至茶盘前方，如图 6-3-31 所示。

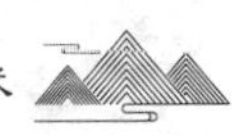

步骤18：收具　从左至右收具，器具原路返回，最后移出的器具最先收回，并放回至茶盘原来的位置上。收茶荷。收茶罐，双手捧茶罐至胸前放回原处。收茶巾。收茶壶，右手提水壶，左手为虚，放回原位，如图6-3-32所示。

图6-3-31　放回杯托上

图6-3-32　收具

步骤19：行鞠躬礼　端茶盘起身，左脚后退一步，右脚并上，行鞠躬礼。

步骤20：退回　收回的茶具，放于茶盘上原来的位置，那是它们的"家"。

收具

奉茶（夏）

知识链接

将品茗杯扣在闻香杯上奉茶，便于聚香和聚热。适用于气温比较低的深秋、冬天或初春。汤温低于体温时，口感偏凉，所以奉茶前，可以先把闻香杯扣在品茗杯上，以防汤温太低和香气流失。另外，冲泡者和品茗者不在同一茶桌，距离较远时，为防止香气流失，也采用此方法。

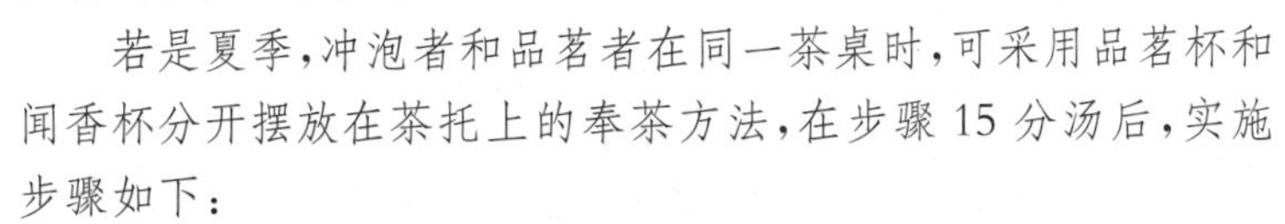

若是夏季，冲泡者和品茗者在同一茶桌时，可采用品茗杯和闻香杯分开摆放在茶托上的奉茶方法，在步骤15分汤后，实施步骤如下：

(1) 取5号品茗杯，在茶巾上压一下，吸干杯底的水，放于茶托左侧。

(2) 再取5号闻香杯，在茶巾上压一下，吸干杯底的水，放于茶托右侧，如图6-3-33所示。

图6-3-33　品茗杯和闻香杯分别置于茶托

(3) 换左手握杯托，将杯托同茶杯放于奉茶盘左前侧。虎口成弧形，手指不碰到杯口，并须保持身体中正，如图6-3-34所示。

(4) 取4号品茗杯与闻香杯，放于茶盘右前侧。

(5) 取3号2号品茗杯与闻香杯，放于奉茶盘左后侧、右后侧。

(6) 1号品茗杯和闻香杯是留给冲泡者示饮用的，闻香杯在左，品茗杯在右，位置和品茗者的相反。因为一般人习惯右手取品茗杯，奉茶的双杯位置正好方便品茗者右手取用，如图6-3-35所示。

乌龙夏

图 6-3-34　放入奉茶盘

图 6-3-35　示饮

任务评价

评分标准与评分细则

第　组，选手顺序号：　　　　得分：

项目	分值分配	要求和评分标准	扣分细则	扣分	得分
茶样品质鉴别 15 分	15	能正确判断茶样的外形、汤色、香气、滋味、叶底的优点与缺点	(1) 正确描述茶样的特点 9 个(含)以上，不扣分 (2) 正确描述茶样的特点 7～8 个，扣 2 分 (3) 正确描述茶样的特点 5～6 个，扣 4 分 (4) 正确描述茶样的特点 3～4 个，扣 6 分 (5) 正确描述茶样的特点 1～2 个，扣 8 分 (6) 正确描述茶样的特点 0 个，扣 10 分		
礼仪仪表仪容 10 分	3	发型、服饰端庄自然	发型、服饰尚端庄自然，扣 0.5 分 发型、服饰欠端庄自然，扣 1 分		
	3	形象自然、得体，优雅，表情自然，具有亲和力	表情木讷，眼神无恰当交流，扣 0.5 分 神情恍惚，表情紧张不自如，扣 1 分 妆容不当，扣 1 分		
	4	动作、手势、站立姿、坐姿、行姿端正得体	坐姿、站姿、行姿尚端正，扣 1 分 坐姿、站姿、行姿欠端正，扣 2 分 手势中有明显多余动作，扣 1 分		
茶席布置 5 分	3	器具选配功能、质地、形状、色彩与茶类协调	茶具色彩欠协调，扣 0.5 分 茶具配套不齐全，或有多余，扣 1 分 茶具之间质地、形状不协调，扣 1 分		
	2	器具布置与排列有序、合理	茶具、席面欠协调，扣 0.5 分 茶具、席面布置不协调，扣 1 分		

续　表

项目	分值分配	要求和评分标准	扣 分 细 则	扣分	得分
茶艺演示30分	10	水温、茶水比、浸泡时间设计合理,并调控得当	不能正确选择所需茶叶扣5分 冲泡程序不符合茶性,洗茶,扣3分 选择水温与茶叶不相适宜,过高或过低,扣1分 水量过多或太少,扣1分		
	10	操作动作适度,顺畅,优美,过程完整,形神兼备	操作过程完整顺畅,稍欠艺术感,扣0.5分 操作过程完整,但动作紧张僵硬,扣1分 操作基本完成,有中断或出错二次及以下,扣2分 未能连续完成,有中断或出错三次及以上,扣3分		
	5	泡茶、奉茶姿势优美端庄,言辞恰当	奉茶姿态不端正,扣0.5分 奉茶次序混乱,扣0.5分 不行礼,扣0.5分		
	5	布具有序合理,收具有序	布具、收具欠有序,扣0.5分 布具、收具顺序混乱,扣1分 茶具摆放欠合理,扣0.5分 茶具摆放不合理,扣1分		
茶汤质量35分	25	茶的色、香、味等特性表达充分	未能表达出茶色、香、味其一者,扣5分 未能表达出茶色、香、味其二者,扣8分 未能表达出茶色、香、味其三者,扣10分		
	5	所奉茶汤温度适宜	温度略感不适,扣1分 温度过高或过低,扣2分		
	5	所奉茶汤适量	过多(溢出茶杯杯沿)或偏少(低于茶杯二分之一),扣1分 各杯不均,扣1分		
时间5分	5	在6分钟～10分钟内完成茶艺演示	误差3分钟(含)以内,扣1分 误差3～5分钟(含),扣2分 超过5分钟,扣5分		

签名：　　　　　　　　年　月　日

任务4　小壶单杯冲泡技术

学习目标

1. 掌握小壶单杯冲泡技术流程。
2. 熟练运用小壶单杯冲泡法冲泡条索状乌龙茶。

任务描述

小壶单杯泡法适合冲泡各种乌龙茶。与双杯泡法相比，单杯泡法不用闻香杯，不淋壶。两者茶汤品质没有本质上的差别，只是茶器、泡法不同而已。现需要你准备一套小壶单杯紫砂茶具，掌握冲泡流程后，熟练冲泡条索状乌龙茶，如武夷岩茶。

任务分析

本任务的学习重点是小壶单杯冲泡技术流程；学习难点是把握条索形乌龙茶的冲泡时间，并应用小壶单杯冲泡法冲泡出口感适中的乌龙茶。

任务准备

名称	数量	已取	已还	名称	数量	已取	已还
茶盘	1			紫砂壶	1		
壶承	1			品茗杯、杯托	5		
茶叶罐	1			公道杯	1		
茶巾	1			水壶	1		
茶荷	1			乌龙茶	5 g		
花器	1			水盂	1		

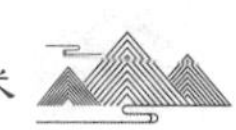

任务实施

冲泡技术流程：备具—备茶—备水—上场—放盘—行鞠躬礼—入座—布具—行注目礼—取茶—赏茶—温壶—温杯—置茶—冲泡—沥汤—温公道杯—分汤—奉茶—收具—行鞠躬礼—退回。

步骤1：备具、备茶、备水

事先准备好水壶、奉茶盘、茶叶，同任务3。

5个品茗杯倒扣，分两排摆成倒三角形，放于茶盘中间前部，茶荷倒扣在茶巾放在茶盘中间内侧，左上角为公道杯，茶罐放在左侧中间，左下角为花器，茶壶放于右侧上角，右下角为水盂，如图6-4-1所示。

图6-4-1　茶具准备

步骤2：上场

步骤3：放盘　如图6-4-2所示。

步骤4：行鞠躬礼

步骤5：入座

步骤6：布具　从右至左布置茶具。

布具

(1) 移水盂　双手捧水盂，沿弧线移至水壶后，靠近茶盘与水壶成一条斜线，如图6-4-3所示。

图6-4-2　推出茶盘

图6-4-3　移水盂

(2) 移茶荷　左手手心朝下，虎口成弧形，手心为空，握茶荷，从茶盘移至右侧，放于茶盘后。

(3) 移茶巾　双手手心朝上，虎口成弧形，手心为空，托茶巾，将茶巾放于茶盘后左边。

(4) 移茶罐　双手捧茶叶罐，移至茶盘左侧茶花后，靠近茶盘，与茶花成一条斜线。

(5) 移壶承及壶　双手捧壶承移至茶盘右下角，如图6-4-4所示。

(6) 移公道杯　双手移公道杯，移至茶盘左下角，如图6-4-5所示。

(7) 翻杯　从前排右侧起，翻1号杯，放于茶托上，依次翻2、3、4、5号杯，放在茶托上，如图6-4-6所示。

行礼赏茶

(8) 布具完成　双手半握拳搁于桌面上。

步骤7：行注目礼

步骤8：取茶　如图6-4-7所示。

图6-4-4　移壶承及壶

图6-4-5　移公道杯

图6-4-6　翻杯

图6-4-7　取茶

步骤9：赏茶　从右至左赏茶，然后将茶罐盖合，放回原位。

步骤10：温壶　打开茶壶盖，壶盖走从里往外的弧线。壶盖放在品茗杯上，将品茗杯用作盖置。提水壶，走从外至里的弧线，移动至茶壶上，注水至八分满，如图6-4-8所示。水壶放回。茶壶加盖，提起茶壶，按照内右外左顺序旋转茶壶，如图6-4-9所示。然后将温壶的水依次分入1、2、3、4、5号品茗杯中。茶壶放回。

图6-4-8　温壶

图6-4-9　温壶

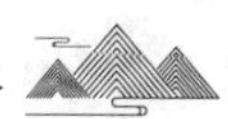

置茶冲泡

步骤 11：温杯

(1) 温 1 号杯。

(2) 1 号品茗杯弃水，杯底在茶巾上压一下，吸干杯底的水渍，复原位。

(3) 依次温 2～5 号杯。

步骤 12：置茶　打开茶壶盖，搁于品茗杯上。右手取茶荷。茶荷与壶成 45°，让茶入茶壶，如图 6－4－10 所示。置茶后，茶荷放于原位。

图 6－4－10　置茶

步骤 13：冲泡　提壶高冲八分满。公道杯注水至八分满。水壶放回。

知识链接

条索状乌龙茶冲泡时间

乌龙岩茶条索松，经多次烘焙，茶叶内含物质较冻顶乌龙等卷曲紧结的浸出快。从茶与水相遇开始计时，第一泡 15～30 秒出汤，行茶过程中以温公道杯的速度来控制时间。

温杯奉茶

步骤 14：温公道杯　温公道杯，时间不超过 30 秒为宜。弃水，在茶巾上压一下，吸干水渍。公道杯放回。

步骤 15：沥汤　沥汤，如图 6－4－11 所示。放回茶壶。

步骤 16：分汤　将茶汤注入 1 号杯，如图 6－4－12 所示。依次分汤至 2、3、4、5 号品茗杯。公道杯放于茶盘外左侧茶罐后，如图 6－4－13 所示。茶壶放于茶盘外左侧公道杯后。双手握前排左右两杯，向两边移开至均匀摆放。双手握后排两杯，向两边移开至均匀摆放。

图 6－4－11　沥汤

图 6－4－12　分汤

图 6－4－13　分汤结束

步骤 17：奉茶　起身，左脚向左边开步，右脚并上。左脚后退一步，成右蹲姿，端起茶盘。先端盘再起身。转身右脚开步向品茗者前奉茶。端盘至品茗者前，端盘行奉前礼，品茗者回礼，如图 6－4－14 所示。

换成左手托盘，右蹲姿，右手端杯及拖，至品茗者伸手可及处，如图 6－4－15 所示。手掌伸直请品茗者喝茶，品茗者回礼。起身，左脚向后退一步，右脚并上，行奉后礼，品茗者回礼。

图 6－4－14　奉茶

图 6－4－15　请茶

转身移动盘内的品茗杯至均匀分布，移步到另一位品茗者正对面再奉茶。

步骤 18：收具　双手放下茶盘入座。最后移出的器具最先收回，并放回至茶盘原来的位置上，先收茶壶。收公道杯；收茶罐；收茶巾；收茶荷；收水盂。

步骤 19：行鞠躬礼　端茶盘起身，移至侧面座位，行鞠躬礼。

步骤 20：退回　端盘，转身退回。

乌龙茶单杯全-没有示饮和收具

任务评价

评分标准与评分细则

第　组，选手顺序号：　　　　得分：

项目	分值分配	要求和评分标准	扣分细则	扣分	得分
茶样品质鉴别 15 分	15	能正确判断茶样的外形、汤色、香气、滋味、叶底的优点与缺点	(1) 正确描述茶样的特点 9 个(含)以上，不扣分 (2) 正确描述茶样的特点 7～8 个，扣 2 分 (3) 正确描述茶样的特点 5～6 个，扣 4 分 (4) 正确描述茶样的特点 3～4 个，扣 6 分 (5) 正确描述茶样的特点 1～2 个，扣 8 分 (6) 正确描述茶样的特点 0 个，扣 10 分		

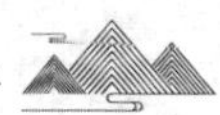

续　表

项目	分值分配	要求和评分标准	扣 分 细 则	扣分	得分
礼仪仪表仪容 10 分	3	发型、服饰端庄自然	发型、服饰尚端庄自然，扣 0.5 分 发型、服饰欠端庄自然，扣 1 分		
	3	形象自然、得体，优雅，表情自然，具有亲和力	表情木讷，眼神无恰当交流，扣 0.5 分 神情恍惚，表情紧张不自如，扣 1 分 妆容不当，扣 1 分		
	4	动作、手势、站立姿、坐姿、行姿端正得体	坐姿、站姿、行姿尚端正，扣 1 分 坐姿、站姿、行姿欠端正，扣 2 分 手势中有明显多余动作，扣 1 分		
茶席布置 5 分	3	器具选配功能、质地、形状、色彩与茶类协调	茶具色彩欠协调，扣 0.5 分 茶具配套不齐全，或有多余，扣 1 分 茶具之间质地、形状不协调，扣 1 分		
	2	器具布置与排列有序、合理	茶具、席面欠协调，扣 0.5 分 茶具、席面布置不协调，扣 1 分		
茶艺演示 30 分	10	水温、茶水比、浸泡时间设计合理，并调控得当	不能正确选择所需茶叶扣 5 分 冲泡程序不符合茶性，洗茶，扣 3 分 选择水温与茶叶不相适宜，过高或过低，扣 1 分 水量过多或太少，扣 1 分		
	10	操作动作适度，顺畅，优美，过程完整，形神兼备	操作过程完整顺畅，稍欠艺术感，扣 0.5 分 操作过程完整，但动作紧张僵硬，扣 1 分 操作基本完成，有中断或出错二次及以下，扣 2 分 未能连续完成，有中断或出错三次及以上，扣 3 分		
	5	泡茶、奉茶姿势优美端庄，言辞恰当	奉茶姿态不端正，扣 0.5 分 奉茶次序混乱，扣 0.5 分 不行礼，扣 0.5 分		
	5	布具有序合理，收具有序	布具、收具欠有序，扣 0.5 分 布具、收具顺序混乱，扣 1 分 茶具摆放欠合理，扣 0.5 分 茶具摆放不合理，扣 1 分		
茶汤质量 35 分	25	茶的色、香、味等特性表达充分	未能表达出茶色、香、味其一者，扣 5 分 未能表达出茶色、香、味其二者，扣 8 分 未能表达出茶色、香、味其三者，扣 10 分		
	5	所奉茶汤温度适宜	温度略感不适，扣 1 分 温度过高或过低，扣 2 分		
	5	所奉茶汤适量	过多(溢出茶杯杯沿)或偏少(低于茶杯 1/2)，扣 1 分 各杯不均，扣 1 分		
时间 5 分	5	在 6 分钟～10 分钟内完成茶艺演示	误差 3 分钟(含)以内，扣 1 分 误差 3～5 分钟(含)，扣 2 分 超过 5 分钟，扣 5 分		

签名：　　　　　　　　年　月　日

1. 观看紫砂壶冲泡黑茶茶艺视频，尝试用紫砂壶单杯冲泡技术冲泡黑茶。冲泡流程是：备水—备茶—展具—置茶—赏茶—温杯—投茶—温润泡二次（第一次洗茶，第二次醒茶）—冲泡—10 秒出汤至公道杯—奉茶—品茶。

黑茶的冲泡三要素：

能力拓展

(1) 投茶量　150 mL 盖碗为 5～10 g(1 或 2 人为 6～7 g，人多为 10～12 g)；茶壶投茶量为 2～4 成；

(2) 水温　沸水；

(3) 时间　第一泡 10 秒，第二泡 15 秒，第三泡 20 秒，7 或 8 泡后可增加浸泡时间。

2. 党的二十大提出：必须坚持科技是第一生产力、人才是第一资源、创新是第一动力。请观看广东大学生研发泡功夫茶机器人，获国赛一等奖视频。思考“三茶”统筹发展过程中，茶文化、茶产业、茶科技之间有何关系。

任务5　茶的调饮

学习目标

1. 能够制作奶茶、果茶、茶酒等经典茶调饮作品。
2. 掌握茶调饮的色彩、口味、造型基础，并开发创意饮品。

任务描述

作为茶的另一种创新饮用形式，茶调饮越来越受到年轻群体的喜爱。现需要你以茶为主体，加入酒、奶、水果等辅料，混合出新的口味，搭配出茶的不同种呈现方式；掌握经典茶调饮作品，并开发创意产品。

茶的调饮展示了茶叶的包容性与可塑性，让茶文化不再"高冷"，使饮茶变得更加生动有趣。此次任务需要重点掌握茶调饮的色彩、口味、造型基础，能制作奶茶、果茶、茶酒等经典茶调饮作品；学习难点是原创茶调饮作品的开发与实操。

任务实施

本任务的学习流程：主流茶调饮形式（奶茶、果茶、茶酒）的认识与实操—创意茶饮料的设计理论与实操。

我国传统饮茶以清饮为主流，国外特别钟情于红茶，且以调饮为主，即在茶汤中加入香料、牛奶、糖块、果汁等佐料调味。近几年茶颜悦色、奈雪、喜茶、鹿角巷等新式茶饮异军突起，调饮茶在当代成为注入茶业界的新鲜血液。

调饮茶品 = 茶汤 + 辅料 + 配料 + 装饰。常用的茶饮原料有六大茶类、花茶、时令水果、奶品、蜂蜜、柠檬、薄荷叶、肉桂粉、中草药等。茶调饮的基本流程是：原料准备—备具—原料预处理—备茶汤—调饮—出汤装饰。目前存在的主流茶调饮形式有茶 + 奶、茶 + 水果和茶 + 酒水。

一、奶茶调饮

奶茶原为中国北方游牧民族的日常饮品，至今已有千年历史。自元朝起传遍世界各地。目前在大中华地区、中亚国家、印度、阿拉伯、英国等地区都有不同种类奶茶流行。奶味调饮具有鲜浓醇厚、柔和温婉的特点。经典奶茶调饮饮品桂花奶茶的制作方法见表6-5-1。

表6-5-1　桂花奶茶

主题(作品名称)	桂花奶茶
立意	红茶的包容性强，与鲜奶，桂花相得益彰，清清的冰糖味，为之再添一笔，浓中有淡，浓烈而不腻，香气滋味欲罢不能
茶品及调饮原料	茶品：凤庆滇红6g 辅料：桂花0.5g，冰糖3.5g，鲜奶40mL
器具配置	白瓷茶具(茶壶、公道杯、品茗杯、茶滤)
色彩搭配	蒙着奶白色的茶汤配以白釉羊脂白瓷茶具，加以金黄色桂花做点缀
制作方法	(1) 水烧开后，先温壶； (2) 将冰糖(碎)投入公道杯，桂花放入茶滤里； (3) 把红茶投入壶内，冲泡第一遍立即出汤倒掉(醒茶)； (4) 再冲泡开水(约12秒)这段时间可以温杯； (5) 茶水出汤，通过茶虑倒入公道杯中，加入鲜奶，搅拌均匀； (6) 公道杯分茶，倒入品茗杯； (7) 剩余的干桂花，取2、3朵，投入品茗杯

二、果茶调饮

果味调饮具有清新自然、味爽鲜美、悦口好喝的特点。石榴鲜果茶制作见表6-5-2。

表6-5-2　石榴鲜果茶

主题(作品名称)	石榴鲜果茶
茶品及调饮原料	绿茶汤200mL，石榴汁30mL，竹蔗冰糖浆30g， 香水柠檬3片，西瓜3片，草莓1个，水蜜桃果肉3片，冰块
器具配置	公道杯，量杯，透明玻璃壶/大玻璃杯，雪克杯，捣棒
色彩搭配	冰鲜红宝石的一抹亮红分外吸睛
制作方法	(1) 将几种水果放入玻璃壶中备用； (2) 把绿茶汤、冰糖浆、冰块放入雪克杯中； (3) 加入石榴汁入雪克杯中，用捣棒搅拌均匀； (4) 将雪克杯中的茶果汁投入盛水果的玻璃壶中

茶酒调饮方案

三、茶酒调饮

传统的中式茶酒调饮，让茶文化和酒文化完美融合，成就了传统饮品中最精妙的契合。

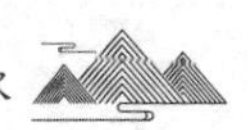

茶酒调饮是以茶汤为基础饮品，配少量含酒精的饮料，加果蔬汁、奶品、冰块、中草药等增色调味，混合成一种新的口味，最后用花、果点缀，调制成含有茶的低酒精度混合饮料。

近几年比较流行的茶酒调饮可以看成中式泡茶与西方调酒技法合理契合，用东方的茶和西方的酒，两者相互碰撞，东西相融。无论是绿茶、红茶还是黄茶甚至是花茶，都能彰显自身的魅力。西方比较盛行的一种饮用红茶的方式是将红茶和酒调饮，这种调饮方式在西方酒吧鸡尾酒调制中也比较常见。

四、创意茶调饮设计

茶调饮要具有色、香、味、形俱佳的特点，根据色彩和原料搭配的原理，寻求最佳调饮方式，创新茶调饮作品开发。

（一）色彩调制

调制饮料的魅力与五彩斑斓的颜色是分不开的。

1. 调饮茶品原料的基本色

原料的颜色是构思饮品色彩的基础。

（1）糖浆　糖浆是常用的调色辅料，颜色有红色、浅红、黄色、绿色、白色等。较为常用的糖浆有红石榴糖浆（深红）、山楂糖浆（浅红）、香蕉糖浆（黄色）、西瓜糖浆（绿色）等。

（2）果汁　果汁具有水果的自然颜色，常见的有橙汁（橙色）、香蕉汁（黄色）、椰汁（白色）、西瓜汁（红色）、草莓汁（浅红色）、西红柿汁（粉红）等。

（3）利口酒　利口酒是茶酒饮品调制中不可缺少的辅料，它的颜色十分丰富，赤、橙、黄、绿、青、蓝、紫几乎全包括。同一品牌的利口酒就有几种不同颜色，如可可酒有白色、褐色，薄荷酒有绿色、白色，橙皮酒有蓝色、白色等。

（4）基酒　基酒除伏特加、金酒等少数几种无色烈酒外，大多数酒都有颜色，这也是构成茶＋酒饮品色彩的基础。

（5）茶汤　六大茶类的茶汤颜色不同，大多数发酵程度低的茶，如绿茶、白茶、黄茶、轻发酵乌龙茶的茶汤呈黄绿、杏黄色，重发酵乌龙茶、红茶、黑茶的茶汤颜色偏深，呈橙黄、橙红、红艳、红浓等颜色。一些花茶也可以呈现出比较惊艳的汤色，如蝶豆花汤色呈蓝色、紫色，洛神花汤色呈红色。

2. 调饮茶品颜色的调配

调饮茶品颜色的调配须按色彩配比的规律调制。

调制彩虹饮品，使每层茶汤/辅料为等距离，以保持形态稳定；其次应注意色彩搭配，如红配绿、黄配蓝；暗色、深色的配料置于杯子下部，如红石榴汁；明亮或浅色的配料放在上部，如茶汤、浓乳等，以保持饮品的平衡。

调制有层色的部分果汁饮料，应注意颜色的比例。一般来说暖色或纯色的诱惑力强，应占面积小一些，冷色或浊色面积可大一些。

绝大部分茶饮品都是将几种不同颜色的原料混合调制出某种颜色。如黄与蓝混合成绿色，红与蓝混合成紫色，红与黄混合成橘色等。在调制时，应把握好不同颜色原料的用量。颜色原料用量过多则色深，量少则色浅，达不到预想的效果。

冰块的用量、时间长短直接影响到颜色的深浅。另外，冰块本身透亮，在古典杯中加冰块的饮品更具有光泽,更显晶莹透亮。

乳、奶、蛋等均具有半透明的特点,且不易同饮品的颜色混合。奶起增白效果,蛋清增泡,蛋黄增强口感,使调出的饮品呈朦胧状,增加饮品的诱惑力。

碳酸饮料对饮品颜色有稀释作用,在各种原料成分中所占比重较大,茶饮的颜色也较浅。

3. 调饮茶品的情调创造

茶楼是讲究氛围的场所。茶饮以不同色彩来传达不同的情感,创造特殊的环境情调。

红色茶汤和混合饮料表达热情、活力和热烈的情感;白色饮品给人纯洁、神圣、善良的感受;黄色饮品是辉煌、神圣的象征;绿色饮品使人联想起大自然,感到自己年轻、充满活力,同时也是希望的象征;紫色饮品给人高贵而庄重的感觉;粉红色的饮品传达浪漫、健康的情感;蓝色饮品既可给人以冷淡、伤感的联想,又能使人平静。

(二)口味调制

调饮茶品调出的味道一般都不过酸、过甜,味道较为适中,能满足各种口味需要。

1. 原料的基本味

酸味来自柠檬汁、青柠汁、西红柿汁等;甜味来自糖、糖浆、蜂蜜、利口酒等;苦味来自茶汤及新鲜橙汁等;辣味来自烈酒,以及辣椒、胡椒等辣味调料;咸味来自盐。香味来自茶及饮料中各种香味,尤其是高香茶中有果香、花香、蜜香等香味。

2. 茶饮口味调配

将不同味道的原料组合就会调制出具有不同类型风味和口感的调饮茶品。

(1) 茶香浓郁型　茶汤占绝大多数比重,使茶本味突出,配少量辅料增加香味,这类饮品含糖量少。

(2) 酸味圆润滋养型　以柠檬汁、西柠汁、茶汤、糖浆为配料,或配以烈酒,茶香酒香浓郁,入口微酸,回味甘甜。酸甜味比例根据饮品及人们口味不同,并不完全一样。

(3) 绵柔香甜型　用乳、奶、蛋和具有特殊香味的红茶、乌龙茶茶汤调制而成的饮品。

(4) 清凉爽口型　用碳酸饮料加冰与茶汤配制,具有清凉解渴的功效。

(5) 微苦香甜型　以茶汤为主料,以金巴利或苦精为辅料调制出来的茶饮。苦味持续时间短,回味香甜,并有清热的作用。

不同地区对茶饮口味的要求各不相同,在调制时,应根据顾客的喜好来调配。欧美人不喜欢含糖或含糖量高的饮品,糖浆等甜物宜少放;东方人,如日本和我国港台顾客喜欢甜口,可使饮品甜味略突出。对于有特殊口味要求的顾客,可征求顾客意见后调制。

(三)调饮装饰物

装饰物的巧妙运用可有画龙点睛的效果,使一杯平淡单调的饮品瞬间鲜活生动起来。一杯经过精心装饰的调饮茶品不仅能捕捉自然生机于杯盏之间,也可成为成品典型的标志与象征。对于创新的茶调饮饮料,装饰物的修饰和雕琢不受限制,茶艺师可充分发挥想象力和创造力。无需装饰的调饮茶品,若加装饰则是画蛇添足,会破坏茶品的意境。调饮茶品常用的装饰材料如下:

1. 冰块

冰块可以有很多花样,不同的形状、味道和颜色,如图 6-5-1 所示。

图6-5-1 冰块

2. 杯沿(杯身)饰物

杯沿饰物可以借鉴调酒中霜状饰物的制作方式。造霜就是将一种甜或咸的味道捆在杯子边缘或杯身,如图6-5-2所示,如碎果仁、染色糖、盐、碎肉豆蔻、染黄干椰、咖啡粉、朱古力粉等。在装饰物的风味特征下,可以增加饮品愉悦的口感特征,饮用时可以连霜一起喝下。有的杯沿饰物只用来装饰,饮用时可用吸管。

图6-5-2 杯沿装

(1) 杯沿造霜的方法 彻底洗净和擦干玻璃杯,倒一些食盐在碟中;紧握杯子,将湿润的杯边蘸上盐,使盐均匀地黏在杯边。若盐霜不均匀,多蘸几次即可。

(2) 造霜原则 用食盐和香芹盐造霜时,要用柠檬汁或青柠汁润湿边缘。造糖霜时要用稍微搅拌过的蛋白。

3. 橘类饰物

点缀调饮,橘类水果是不可缺少的装饰材料,主要由橘、柠檬和青柠制成,如一片水果、螺旋水果皮等。要选结实、皮薄、完好和未打蜡的水果。一定要先将水果洗净,削皮刀要锋利。

水果装饰物制作方法

4. 杂果饰物

除了橘类水果外,还有很多水果可以作为调饮品的装饰物,统一称为杂果饰物,比如樱桃、草莓、荔枝、西瓜、奇异果、菠萝、蜜饯、水果罐头或者一小串蘸了糖霜的葡萄。一般来说,选择装饰物时,较保守的做法是让人觉得简单一点。否则,容易失去亲切感。而且调饮茶品的重点是饮品的味道，不是水果等小吃。

5. 花、叶、香草、香料饰物

有很多不同方式将植物的花和叶制成调饮茶品的装饰物，如鲜薄荷叶、香芹杆、一朵兰花如图 6-5-3 所示。

图 6-5-3　水果、花叶装

6. 工具类装饰

吸管的30种折法

如吸管、搅棒、小花伞等。

（四）调饮注意事项

(1) 调饮人员须做好调饮前的各项准备工作。

(2) 使用正确的调饮工具。盖碗、茶壶、公道杯、调酒壶、茶杯不可混用、代用。

(3) 严格遵守配方，必须使用量杯。

(4) 所用冰块必须是新鲜的。因为新鲜的冰块质地坚硬，不易融化。

(5) 使用冰块要遵照配方。冰块、碎冰、冰霜不可混淆。调酒壶装冰时不宜装的过多、过满。

(6) 如需用糖，尽量使用糖饴、糖浆、糖水，少用糖块、砂糖。因为糖块和砂糖不溶于酒精或很难溶于某些果汁中。

(7) 绝大多数茶饮要现喝现调，不可放置太久，否则将失去其应有的品位。

(8) 材料要新鲜，特别是奶、蛋、果汁等。

(9) 调制茶+酒的热饮时，酒温不可超过 78℃，因为酒精的蒸发点是 78℃。

(10) 下料程序要遵循先辅料、后主料的原则，避免在调制过程中出差错，造成损失。

(11) 在使用玻璃杯时，如果室温较高，使用前应先将冷水倒入杯中，然后加入冰块，而后将冰水倒掉，以避免因冰块直接进入调酒杯，产生骤热骤冷的变化而使玻璃杯炸裂。

(12) 倒茶饮时，不可装得太满，杯口应留 1/8～1/4 的空隙。太满时宾客难以饮用，太少又显得难堪。

(13) 如果水果用热水浸泡过，压榨时会多出 1/4 的汁。

(14) 酒杯降温和加霜使鸡尾酒保持清新爽口，酒杯须贮藏在冷藏柜中降温。如果冷藏柜容量不足，则可在调制前先把碎冰放进杯子或把杯子埋入碎冰使之降温。取出时，由于冷凝作用，杯身上出现一层霜雾，给人以极冷的感觉，适用于某些种类的鸡尾酒。

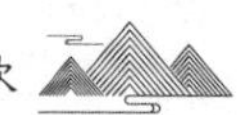

（15）不能用手触摸饮品的装饰物，应使用冰夹夹取。即使是吸管也需用冰夹加入玻璃杯中。要把装饰物挂在杯边，可用小刀切割缺口后，再用冰夹挂上。

茶调饮技能比赛，内容包括：

（1）茶调饮作品设计文案评比。

（2）现场进行茶饮作品的调配。以茶叶为主要材料，以水果、花、牛奶等为辅料，根据科学的配方原则，调饮一款健康美味的茶饮料。比赛将从创新性、调饮质量、操作规范几方面评比。

茶调饮作品设计文案表

班级：　　　　　　　姓名：

主题（作品名称）	
立意	
茶品及调饮原料	
器具配置	
色彩搭配	

茶调饮赛评分表

班级：　　　　　　　姓名：

项目	分值	要求与评分标准	得分
创新	20	主题立意新颖，有原创性，包括调饮的命名、含义、配方和用具，以及茶席的布置	
调饮质量	40	色香味形俱佳	
配方	20	配方科学合理	
操作规范	10	操作程序契合茶理，调饮手法娴熟自然	
茶席设计	5	调饮器具选配合理，茶席设计充分展现调饮特点	
时间控制	5	15分钟内完成	
总分			

模块三 综合进阶篇

项目七 茶艺展演

茶艺完美地将茶与艺术融为一体，传承了中华民族的优秀传统文化。

茶艺展演是在茶艺的基础上产生的，它是通过各种茶叶冲泡技艺的形象演示，科学地、生活化地、艺术地展示泡饮过程，使人们在精心营造的优雅环境氛围中，得到美的享受和情操的熏陶。一场成功的茶艺展演，首先要确定一个独特立意的茶艺主题，再选择一款与主题相契合的茶。对茶艺师来说，在表演中如何将情感和思想准确地传达给观众，很重要。那么如何准备一场茶艺展演？整个过程包含哪些步骤？对表演人员有什么要求？表演场地如何布置？

带着以上问题来学习本项目，我们一定能找到答案。

任务1　茶艺展演准备

学习目标

1. 了解茶艺创编的基本要求。
2. 熟悉茶艺展演程序，能设计茶艺展演方案。
3. 能根据展演主题编写解说词。

任务描述

国家茶艺实操技能比赛一般分为规定茶艺、自创茶艺、茶汤质量比拼和茶席设计等。本项目学习自创茶艺展示，包括茶艺展演技能准备和茶艺展演案例赏析。本次任务要求你了解茶艺创编的基本要求，熟悉茶艺程序设计并能根据展演主题编写解说词。

任务分析

本任务的学习重点是掌握茶艺展演编创的基本要求和茶艺展演的程序；学习难点是茶艺展演的方案设计和解说词的编写。

任务实施

本次任务的学习流程是：茶艺编创的基本要求—茶艺程序设计—解说词编写—设计茶艺展演方案。

自创茶艺是在中国茶道精神指导下，以泡好一杯茶汤、呈现茶艺之美为目的，自行设定主题、茶席和背景、流程、音乐，并将现场解说、演示等融为一体的茶艺。

一、茶艺编创的基本要求

1. 对茶汤质量的要求

“茶艺”应该是“茶之艺”。茶艺真正上升到艺术的高度，一定是以呈现最好的茶汤为基

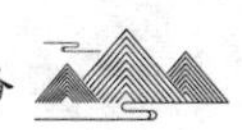

础。茶汤的色香味俱佳，然后才是程式上的唯美。不研究茶汤的美，只注重形式，就像躯壳没有灵魂。

2. 对茶艺师的要求

茶艺表演应该简化或精炼，辞藻不可华而不实。喝茶能静心、静神，有助于陶冶情操、去除杂念，也符合儒释道的"内省修行"思想。行茶之人若是真的可以内省修行、心神合一，表演出来的才是真正的茶艺。自创茶艺要求茶艺师在科学冲泡茶的技术基础上，具备赏评编创美的艺术，用展演的方式传创民俗家国的情怀，让人感受到中华文化源远流长。

二、茶艺程序设计

茶艺流程是茶艺师茶艺表演的脚本，必须明确主题和内容，规范动作和过程。优秀的茶艺流程不仅仅是形式演绎，更是文化和艺术乃至茶道精神的载体。

自创茶艺展示重在创新。因此，茶艺师自主设计性较规定茶艺强了很多，可以自己选择茶具、茶席布置、泡茶的手法、音乐和服饰，要求将解说、表演、泡茶融为一体。茶艺程序编排的要求是顺茶性、讲究科学卫生、具有文化品位。具体需要编排设计如下内容：

（1）主题的确定　茶艺节目的灵魂所在，立意新颖和高远是一个展演优秀与否的关键。常见的创新茶艺展演主题内容有仿古茶艺、民族民俗茶艺、宗教茶艺、外国茶艺和现代茶艺等。主题一旦确定，茶叶、茶具、音乐、动作和解说词等都要紧紧围绕主题来确定。

好的主题，首先，应正确、真实，如实反映历史、民族特色，表达真情实感。其次，主题要有新颖性和独创性。新颖既可以体现在对当下一些社会现象的提炼，也可以表现为传统主题结合时事创新；独创体现在茶艺主题是作者独立创造或在前人的基础上部分创新。最后，还要具有深刻性和时代精神，能深刻地反映现实，回答时代提出的问题。

一个茶艺表演应选择一个主题并将其丰富，不可过多地堆砌主题。通过人、事、情的叙述来凸显，将主题丰富。切忌泛泛而谈茶，如禅茶一味、人生如茶，主题太大等于没有主题。

（2）人物的确定　包括表演人数和演示角色的确定。一般茶艺表演有一人、二人和多人，一人或两人为主泡，其他为助泡，或服装、道具、动作一致，人人为主泡。当下的创新茶艺作品，在有特定主题情况下，角色之间有分工互动，在突显主泡的同时，有一条无行的线将各角色联系在一起，更好地为表达主题服务。

（3）动作的确定　茶艺师的姿态更重于姿容。姿态主要从坐、立、跪、行等几种基本动作来展现。设计茶艺展演的动作时要符合规范性和人体工学，做到规范性与自由性相统一、技术美与艺术美相统一，在展示动作的同时注重神韵美。

（4）服饰妆容的确定　要根据主题选择服饰妆容，原则是：

第一，符合历史时代、民族民俗风格的特定要求；

第二，符合表演者塑造角色的形象要求；

第三，不要影响表演者动作的展示；

第四，整体风格要统一，满足观众审美要求；

第五，服装与配饰需要符合题材的特征，也要思考突出和表现主题，尤其是团体创新作品，要考虑每个角色的特性，也要兼顾全局的协调一致性。

(5) 布置表演台　表演台是茶艺展演的物质基础,布置表演台包括如下几个步骤:选择茶桌,选择茶椅,选择铺垫,摆放茶桌、茶椅和铺垫,选择茶具,选配其他道具,放置茶具茶器。

选择茶桌茶椅要考虑舞台整体效果,如桌椅的高低错落,用色的协调一致。如桌椅耐看且可欣赏,避免累赘可考虑不用铺设桌布;若想在桌布上做文章,就无须考虑桌子的式样,主要考虑大小和高度即可,如利用桌布颜色的寓意,在桌布前方手绘和主题相关的图案等。桌子摆放方式也需适当考虑,避免呆板,如八字形、不对称的V字形等。

在舞台设计中,茶席设计是核心。首先,在舞台的结构布局中,茶席必须放在最醒目的位置,突出主体地位。在满足泡茶功能的基础上,茶席设计应紧扣茶艺的主题,并富有新意。多张茶席的情况,应突出主次、层次分明、色彩和谐,适当运用特效元素。如在表达庐山云雾茶的舞台意境中可以使用干冰,营造云雾缭绕的庐山茶的生态环境,带给观赏者视觉冲击力。

常用的舞台道具有烟、雾、风、雨、火、光、声音、多媒体、创新机械等,与木、柴、梅、兰、竹、菊、书法、插花、香道、陶器、假山、流水等配合。主要目的是营造舞台表演环境、渲染气氛、串联故事情节、塑造人物形象。使用道具要注意动静结合、虚实结合、真假结合。

(6) 确定音乐　应根据主题、环境、表演形式、民族习俗等编创背景音乐。

如2014年浙江省赛一等奖作品《乡之味》在泡茶过程中选择音乐《风居住的街道》,在奉茶高潮部分选择音乐《时间去哪儿》,以此表达中秋夜对家乡思念之情,以及父母对儿女无私的奉献。有些主题属于叙事型,就不合适有情绪的曲调,适合平缓一点。要根据茶艺作品感情的节奏发展挑选音乐,合理利用音乐节奏的作用推动茶艺表演的情感表达。常见的配合解说有铺垫的音乐(引入)、泡茶过程中的平缓的音乐、奉茶过程中情绪高潮的音乐。有张有弛,有节奏变化的音乐可牢牢把控和引导观众的情绪,从而更好地理解作品的主题和内涵。

(7) 舞台布景　舞台布景能够起到渲染舞台表演氛围,增强观众对舞台表演的认可和肯定,深化舞台表演主题内涵的作用。布景包括写实类布景和写虚类布景两类。写实布景主要还原现实生活,给表演者及观众营造一种强烈的身临其境的现场感、现实感和真实感。写虚类布景主要采用浪漫主义、隐喻等表现手法,表现人物内心情感,容易引发观众对表演者内在精神世界的思考,带给人一种更高层次的感受。

(8) 舞台灯光　舞台灯光具体表现为灯光及灯光作用下舞台、道具、色彩、明暗及光影效果的不断变化。优化舞台灯光设计可以满足氛围的渲染及欣赏需求。利用灯光效果,将聚光灯照在主泡上,也可使观众注意力集中在泡茶者身上。

三、解说词编写

茶艺解说词依托茶艺表演而存在,具有一般解说词的解释说明作用,还有引导和帮助观众理解的功能。语言通俗、精练、准确、口语化。解说词的内容主要包括主题背景文化、茶叶特点、人物、艺术特色及表演者表达意境等。

1. 解说词定位

解说词是最具表现力的要素。茶艺的解说词已经不是单纯地解说表演者的步骤和程式,而是通过解说词将整个茶艺表演的内容串联融合,让观众从旁白解说中理解作品的主题

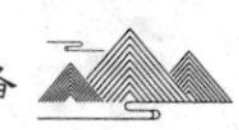

思想，将表演之外主题延伸的意义展现出来。

2. 解说词编撰

解说词要有新意，切忌长篇大论，只需在合适的时候适当地解读。因此它不一定是一篇结构非常完整的文章，却紧扣主题、层层递进，为茶艺内涵和意境的渲染起到关键作用。通过解说，与观众的情感共振在时空上得到无限延伸，使观众能够有身临其境的切身感受，建构出该茶艺表演所需要现场氛围。编撰解说词时应考虑观众属性，如专业人士，解说词就应简明扼要；如平民百姓，解说词要通俗、易懂，专业术语不能太多。

3. 解说方式

解说有现场解说和背景解说。现场解说必须脱稿，要有现场感染力。最好与茶艺表演同步，是对表演程序、动作要领、茶文化知识诠释，不仅帮助人们理解茶艺，甚至起到了引领、深化"品茶赏艺"功效。也可提前将解说词录制好，融合到音乐中现场播放。无论采用何种方式，优美、真诚、富有磁性声线的解说，可让观众充分体会听觉上的艺术感受。

四、茶艺展演文案编制

创新茶艺文案是以图文结合的手段，主观反映设计作品的一种表达方式。设计文案一般由标题、选用茶叶、选用茶具、创作思路四大模块组成。创作思路为其核心部分。

1. 主题部分

(1) 标题　在书写纸的头条中间位置书写标题，字形可稍大。或用另外的字体书写，也比较醒目。标题要求高度概括主旨。看到标题名称，就能对节目的主题有一定的认知。

自创茶艺方案"情关一片茶"

(2) 选用茶品　茶品的特点，以及为什么要选择此茶品，与主题的关联。

(3) 选用茶具　茶具的材质、配备介绍，以及茶具与茶品，与主题的关联。

(4) 背景音乐及视频制作　音乐的名称，音乐的剪辑思路，表达的情感与主题的关联。如有背景视频，简单介绍视频场景的素材及与茶艺节目表演辅助效果的关联。

2. 正文部分

创作思路包括主题思想、角色分配、茶席及舞台布局、解说词等。主题思想概述主题的背景和意义、节目的核心内容，具有概括性和准确性；说明茶艺表演者的角色分工；介绍茶席的立意、主要元素、舞台基本格局、整体风格，融入哪些综合艺术以营造整体意境。如配合图片，或者画出布局图，更具象表现出来就更好了。解说词可以附在最后，可以是散文式、诗歌式，根据节目的需要确定风格。解说词的撰写应按照剧情、茶艺流程的顺序来写。

根据本节课所学内容，自选主题，完成如下茶艺展演设计方案。

自创茶艺展演方案设计表

姓名：　　　　　　　　　学号：

要素	自创方案	配分	得分
标题		10	
选用茶品		10	
主题思想		10	
角色分配	表演人数： 角色： 服饰： 发型妆容：	10	
茶席设计	茶具： 铺垫： 舞台装饰和其他道具： 背景和灯光：	10	
背景音乐		10	
背景视频		10	
演示流程		20	
解说词		10	
得分			

能力拓展

扫码了解茶席插花。

任务2　茶艺展演

学习目标

1. 赏析蒙古族奶茶、纳西族龙虎斗和回族八宝茶的民族茶俗展演设计方案。
2. 赏析仿宋点茶茶艺展演设计方案。
3. 能自创茶艺展演。

任务描述

中国茶文化包罗万象，不同历史时期的饮茶方式和各地茶俗为自创茶艺展演提供大量素材。现需要你欣赏、分析不同的茶艺展演方案，修正自己设计的展演方案，自创茶艺展演。

把握好历史内涵、民族特征是将观众带入沉浸式表演欣赏的基础。本任务的学习重点是掌握茶艺展演的流程和要素；学习难点是呈现一场有感染力的茶艺展演。

任务实施

本次任务的学习流程是：蒙古族奶茶茶艺展演—纳西族龙虎斗茶艺展演—回族八宝盖碗茶茶艺展演—仿宋点茶茶艺展演—自创茶艺展演实操与评价。

一、蒙古族奶茶茶艺展演

1. 设计思路

如图 7－2－1 所示，蒙古族是个能歌善舞的民族，更是一个热情好客的民族，饮茶历史悠久，一日三餐饭，一日三次茶。奶茶即是内蒙古草原牧民最酷爱的饮品，也是招待宾客是必不可少的佳饮，如图 7－2－2 所示。茶，蒙古语发音“茄”；用砖茶熬制成茶水，蒙古语称“哈日茄”;奶茶,蒙古语称“苏台茄”,是蒙古族日常生活中不可缺少的饮料。据说成吉思汗率领铁骑征战时,辎载最多的物资就是砖茶,只要砖茶供应充分,人强马壮精神抖擞。

图 7-2-1　能歌善舞

图 7-2-2　奶茶习俗

2. 茶席设计

场景为蒙古包内,地毯上摆放蒙古族红方桌,招待客人用的奶食茶点放在中间。还有牛肉干,奶制品等给客人享用,如图 7-2-3 所示。

图 7-2-3　茶席

蒙古族传统铜锅奶茶放置在方桌前,奶茶锅左面的方桌上摆放制作奶茶的原料,有普洱茶、牛奶、黄油、牛肉干、奶豆腐、食盐等。

蒙古族的茶文化不仅体现在奶茶的制作上,还体现在其独特的茶具上。

(1) 茶碗　最早是用树皮当碗,后来发展到木碗。也有用桦木制成的,然后镶以银,外面刻有传统的花纹,是富有人家常用的饮茶茶具。现在多用景德镇烧制的龙瓷碗。

(2) 茶壶　多为铜制或银制,造型别致,外表锃光发亮,结实耐用。

3. 服饰与音乐

(1) 服饰　蒙古族民族服装。

(2) 音乐　《蒙古族长调民歌》,欢快的节奏比喻草原人民的热情好客。

4. 演示流程

(1) 黄油爆锅　如图 7-2-4 所示。

(2) 下炒米　如图 7-2-5 所示。

(3) 倒水　如图 7-2-6 所示。

(4) 投入茶包　茶提前用纱布包好,如图 7-2-7 所示。

(5) 加入牛奶　如图 7-2-8 所示。

(6) 加入奶豆腐　如图 7-2-9 所示。

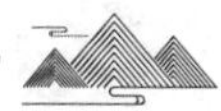

图7-2-4　爆锅

图7-2-5　下炒米

图7-2-6　倒水

图7-2-7　投入茶包

图7-2-8　加入牛奶

图7-2-9　加入奶豆腐

(7) 加牛肉干　如图7-2-10所示。

(8) 加盐　如图7-2-11所示。

(9) 扬茶　完美融合,如图7-2-12所示。

图7-2-10　加牛肉干

图7-2-11　加盐

图7-2-12　扬茶

(10) 分茶　如图7-2-13所示。

(11) 敬茶　如图7-2-14所示。

图 7－2－13　分茶

图 7－2－14　敬茶

游牧民族不是聚集居住，所以饮茶的方法也不尽相同，有的是先煮茶，再加牛奶和黄油、炒米、牛肉干等，最后放盐。

二、纳西族龙虎斗茶艺展演

1. 主题思路

纳西族绝大部分居住在云南省丽江市及迪庆藏族自治州的维西、香格里拉等地，另外在四川盐源、盐边、木里，以及西藏自治区芒康县盐井镇也有零星分布。

纳西族早在唐朝就开始饮用茶，饮茶历史悠久。茶是纳西族必不可少的饮料。明代木氏土司时期，也是纳西族历史上极为重要的时期，经济文化繁荣发展。驮茶马帮从景东把茶叶驮运到玉龙山下，在拉市坝斗古丹山脚建造了一座制茶坊。又聘请了景东的制茶师傅到丽江制茶，生产黑茶用来做茶马生意。

茶马古道起源于唐宋时期的"茶马互市"，主要有滇藏线和川藏线，是云南、四川与西藏之间非常重要的贸易通道，丽江古城的繁荣与茶马古道的兴盛密不可分。纳西族亦通过茶马古道与茶结下了深厚的缘分。

2. 设计思路

在滇西北高原的玉龙雪山和金沙江、澜沧江、雅砻江三江纵横的高寒山区，纳西族用茶和酒冲泡调和而成的龙虎斗茶，被认为是解表散寒的一味良药，受到纳西族的喜爱。龙虎斗原名"阿吉勒烤"，是一家老少在火塘边烤制的茶饮，如图 7－2－15 所示。

3. 茶席设计

云南大叶种晒青茶，自烤玉米酒或高度白酒；主要器具有云南烤茶土罐、火盆、纳西三原色手工布；堆放农作物道具体现纳西族人民勤劳能干的特点，如图 7－2－16 所示。

4. 服饰与音乐

（1）服饰　纳西族传统服饰。

（2）音乐　辛娜《回家》（《印象丽江》主题曲）。

5. 演示流程

（1）罐罐烤茶　取普洱茶晒青茶 10 克左右，放入土陶罐中，连罐带茶一起烘烤，期间不断抖动烤茶罐避免茶叶烤焦，如图 7－2－17 所示。

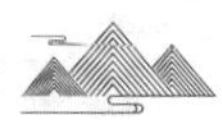

图7-2-15　纳西族斗茶

图7-2-16　茶席

图7-2-17　罐罐烤茶

图7-2-18　煮茶

(2) 煮茶　待茶叶烤至焦黄并散发出香气时,冲入沸水。在火上继续烧煮至沸腾,如图7-2-18所示。

(3) 准备白酒　在煮茶汤的同时,往提前准备好的茶盅里倒入1/3的玉米酒或高度白酒,而后再将茶盅的酒点燃,使口感变得柔和,如图7-2-19所示。

图7-2-19　白酒点燃

(4) 倒入茶汤　将煮好的茶汤经滤网倒入公道杯中,再逐一冲入准备好的白酒里。

(5) 奉茶　纳西族少女手端茶盘逐一敬客,宾客趁热喝下,香高味酽,提神解渴。此时跟随《纳西三部曲》,宾主载歌载舞。

三、八宝盖碗茶茶艺展演

1. 主题与设计思路

八宝盖碗茶是宁夏回族群众男女老幼普遍饮用的一种茶。所谓"八宝茶",除了茶叶之外,还会添加桂圆、红枣、枸杞、葡萄干、芝麻、核桃仁、果脯等。南方人喝茶在于品茗,而宁夏人喝茶在于养生。根据喝茶人的体质和喜好,还会适当更改搭配,比如"三高"的人可以添加决明子。女士可以添加玫瑰花美容养颜,夏天添加菊花降暑。完全是一款可以"DIY"的随

图 7-2-20　八宝盖碗茶

心茶饮，如图 7-2-20 所示。

因配料不同而有不同的名称，根据不同的季节选用不同的茶叶。在配料上，一般有红糖砖茶、白糖清茶、冰糖窝窝茶。身体不好的人可根据病情选用不同的茶水，如清热泄火可用冰糖窝窝茶，用晒青毛茶蒸压而成的普洱沱茶为茶叶主料；胃寒的人可用红糖砖茶；欲促进消化可用白糖清茶。八宝茶不仅滋补身体，还具有清肝明目、滋阴润肺、润喉清嗓的功效。

2. 茶席设计

夏季可选用晒青毛茶；冬季可以选用有年代的砖茶。主要器有茶盘、茶道组、民族风情盖碗、茶席铺垫、茶洗、水壶、茶荷、枸杞、桂圆、冰糖、核桃仁、果脯、红枣、玫瑰花茶等。

3. 服饰与音乐

（1）服饰　回族传统服饰。

（2）音乐　《九儿》。

八宝盖碗茶
茶艺展演

4. 表演流程（解说词）

一望无际的茫茫戈壁，从远古走来了一个民族，在这里繁衍生息，形成了它独特的人文气息，风俗习惯。他们让荒漠渐渐变绿洲，让生活变得更美好。这里牛羊成群，这里蓝天白云，这里日新月异，这里是江河湖泊的起点，这里是世界上离天空最近的地方……

某一年的某一天，从遥远的南方飞来了一片神奇的叶子，雪山上的清泉叮咚着，敞开了怀抱迎接它。

——呈现八宝：茶叶、冰糖、桂圆、枸杞、杏干、核桃仁、红枣、玫瑰。

（1）礼敬佳宾赏八宝　赏茶。

好客的高原儿女，客来敬茶是最热情的心意，将接待尊贵客人才使用的精美茶具呈现出来，将八宝一一展现，如同富饶的柴达木盆地的珍宝一一跃到您的眼前。

（2）雪山之水涤心尘　洁具。

沸腾的三江源水如牡丹花一样翻滚着，氤氲的水雾中一张张真诚的笑脸，温暖着你我的心田。

（3）唤醒八宝如初见　投茶。

将八宝一一投入碗内，就像彼此陌生的你我刚刚相识一般，淡淡的茶香引着果香悄然而起，心念起，唇齿间两颊生津。

（4）江河之水天上来　注水冲泡。

此时将沸腾的水如万马奔腾一般注入碗内，碗内的八宝纷纷跃上水面，如嬉笑歌舞的各族人民载歌载舞，一片欢快祥和之气。

（5）双手捧敬圣妙香　奉茶。

将盖碗双手捧起，举高齐眉，以恭敬心敬茶，以宽容心待客。茶香坚果香让人垂涎欲滴，异香扑鼻。

(6) 芬芳乍泄已入神　闻香。

敬茶的间隙中，茶香悠悠飘起，随着茶盖轻轻的拂动，席间其乐融融，生活的幸福感乍泄漫延而来。

(7) 茶未入喉人已醉　品茶。

此时茶香扑鼻，芬芳四溢，让我们随着青海河湟儿女的盛情，请尽情畅饮。

知识链接

盖碗茶的正确喝法

喝盖碗茶不能用嘴对着盖碗连连吹气。应左手托底，右手拿盖，把盖子倾斜，一口一口慢慢地吸着喝。若要茶汤浓些，就用茶盖轻轻刮一刮，使整碗茶水翻起，沉于碗底的八宝被带起。轻刮则茶淡，重刮则茶浓，其妙无穷。茶盖还可抵住茶叶进入口内。因此，喝盖碗茶重在那一刮！如果喝完一盅还想喝，就不要把茶底喝净；如果不再需要，就把碗里的水全部喝干，将碗盖翻过来放置，或者从碗中捞出一颗大红枣放到嘴里，表示已喝够了，主人也就不再谦让倒茶了。

四、仿古茶艺展演

知识链接

宋代七汤点茶法

炙烤茶叶，研磨成末，过筛取细。将茶末放入茶盏，加入少量沸水，调成糊状。最后点茶，如图 7－2－21 所示。

图 7－2－21　仿古点茶

先将茶瓶里的沸水注入茶盏，这时水要喷泻而入，不能断断续续。用特制的茶筅击拂。边转动茶盏边搅动茶汤，使盏中泛起汤花。如此不断地运筅、击拂、泛花，使茶汤面上浮起一层白色浪花。古人称此情此景为“战雪涛”。

评判斗茶标准有两个：

(1) 汤色的好坏　以纯白为上，青白、灰白、黄白等下之。

(2) 水痕的早晚　汤花泛起后，水痕的出现，早者为负，晚者为胜。

《大观茶论》中提到，点茶过程中需有七次加水的动作，称为七汤点茶法。

(1) 一汤　先将茶末调成膏状，可用汤匙。水要环绕着茶注入，不可直接冲在茶末之上。

图 7-2-22　茶筅均匀

（2）二汤　二回注水要求来回成一条直线，快注快停。

（3）三汤　运用茶筅要轻盈均匀，此时茶面沫饽大半已成定局，如图 7-2-22 所示。

（4）四汤　注量要少，茶筅的击拂要舒缓。

（5）五汤　此时注水要看茶汤沫饽的状态决定击拂轻重。

（6）六汤　如果沫饽迅速产生，只要缓慢搅拌就行。

（7）七汤　最后一次注开水要看沫饽厚薄、凝固程度，如果达到要求，点茶便可完成。

经过七次注水和击拂，乳沫堆积很厚，并紧贴着碗壁不露出茶水，这种状况称为咬盏。这时才可用茶匙将茶汤均分至茶盏内供饮用。

宋代还流行一种技巧很高的烹茶游艺，叫做茶百戏又称水丹青、汤戏，在点茶过程中追求茶汤的纹脉所形成的物象，犹如一幅幅的水墨画。

1. 茶席设计

茶席设计如图 7-2-23 所示，器具有茶盘、茶粉、茶盏、茶筅、烧水壶、茶勺、茶巾、汤瓶、茶席铺垫、茶洗、香炉、花器等。

图 7-2-23　仿宋点茶茶席

仿宋点茶茶艺

3. 服饰与音乐

（1）着装　选用茶人服或者传统中式服装，如汉服、布鞋。

（2）背景音乐　《知否》或《卧龙吟》。

4. 演示流程(解说)

（1）准备　准备就绪，包括茶席、茶桌、背景音乐等。

（2）入场　入场可以是两种方式，一种是从场外慢慢走进，另一种是在开始表演之前已经落座于茶桌之前。

（3）表演

① 备具收神，温盏入心。第一步，将点茶的器皿错落有致摆放于茶席上，收纳心神。第二步，用开水提腕注水，温盏。温盏时，手腕轻轻逆时针方向转动，让杯盏中的热水缓缓地加

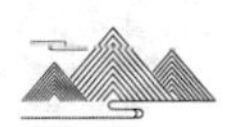

热盏内壁的每一个地方。温盏的过程要缓慢，让手掌受温热再把余水倒掉。

② 量茶受汤，调如融胶。点茶的原始冲泡方法是用石磨将茶叶碾碎，研成细末。现在直接用茶末，调膏。用竹制茶勺，按建盏的大小，以茶勺量取1茶勺（约3克）茶粉，然后提壶注水。将烧好的水，注入汤瓶。用非常细腻的水流注入茶盏，将茶粉调成膏状。注意不能一次性将水倒足，需分3或4次。

③ 手重筅轻、无粟文蟹眼。手腕提起，力度在指尖，用力击拂茶汤。此时一层层茶沫层叠如蟹眼。

④ 击拂无力，茶不发力。再次击拂，手稳而快，沫饽越来越厚。

⑤ 环注盏畔，勿使侵茶。再次注水，延盏细入，不要冲击茶汤，继续用茶筅击拂茶汤。

⑥ 以观立作，溢盏而起。此时点茶工序已经接近尾声，即将完成，茶末细小均匀。

⑦ 乳雾汹涌，调膏写意。用备用的小盏，根据写意图案的难易用1～2克的茶粉调膏，膏如黏稠如墨，用茶针恣意写意。

(4) 奉茶　双手捧盏置于茶盘，奉给嘉宾。

(5) 退场　以鞠躬礼为结束的标志。

根据本项目任务中的茶艺展演案例，修改完善上个任务的自创茶艺展演方案，并完成自创茶艺舞台展演。

个人自创茶艺展演评分表

姓名：　　　　　　　　　学号：　　　　　　　　　总分：

序号	项目	分值	要求和评分标准	扣分标准	扣分	得分
1	创意 25分	15	主题鲜明，立意新颖，有原创性；意境高雅，深远	(1) 有立意，意境不足，扣2分 (2) 有立意，欠文化内涵，扣4分 (3) 无原创性，立意欠新颖，扣6分		
		10	茶席有创意	(1) 尚有创意，扣2分 (2) 有创意，欠合理，扣3分 (3) 布置与主题不相符，扣4分		
2	礼仪仪表仪容 5分	5	发型、服饰与茶艺演示类型相协调；形象自然、得体，优雅；动作、手势、姿态端正大方	(1) 发型、服饰与主题协调，欠优雅得体，扣0.5分 (2) 发型、服饰与茶艺主题不协调，扣1分 (3) 动作、手势、姿态欠端正，扣0.5分 (4) 动作、手势、姿态不端正，扣1分		
3	茶艺演示 30分	5	根据主题配置音乐，具有较强艺术感染力	(1) 音乐情绪契合主题，长度欠准确，扣分0.5分 (2) 音乐情绪与主题欠协调，扣1分 (3) 音乐情绪与主题不协调，扣1.5分		

续表

序号	项目	分值	要求和评分标准	扣分标准	扣分	得分
3	茶艺演示30分	20	动作自然、手法连贯,冲泡程序合理,过程完整、流畅,形神俱备	(1) 能基本顺利完成,表情欠自然,扣1分 (2) 未能基本顺利完成,中断或出错二次以下,扣3分 (3) 未能连续完成,中断或出错三次以上,扣5分 (4) 有明显的多余动作,扣3分		
		5	奉茶姿态、姿势自然,言辞得当	(1) 姿态欠自然端正,扣0.5分 (2) 次序、脚步混乱,扣0.5分 (3) 不行礼,扣1分		
4	茶汤质量30分	20	茶汤色、香、味等特性表达充分	(1) 未能表达出茶色、香、味其一者,扣2分 (2) 未能表达出茶色、香、味其二者,扣3分 (3) 未能表达出茶色、香、味其三者,扣5分		
		5	所奉茶汤温度适宜	(1) 与适饮温度相差不大,扣1分 (2) 过高或过低,扣2分		
		5	所奉茶汤适量	(1) 过多(溢出茶杯杯沿)或偏少(低于茶杯二分之一),扣1分 (2) 各杯不匀,扣1分		
5	文本及解说5分	5	文本阐释有内涵,讲解准确,口齿清晰,能引导和启发观众对茶艺的理解,给人以美的享受	(1) 文本阐释无深意、无新意,扣0.5分 (2) 无文本,扣1分 (3) 讲解与演示过程不协调,扣0.5分 (4) 讲解欠艺术感染力,0.5扣分 (5) 解说事先录制,扣2分		
6	时间5分	5	在8~15分钟内完成茶艺演示	(1) 误差1~3分钟,扣1分 (2) 误差3~5分钟,扣2分 (3) 超过规定时间5分钟,扣5分		

教师/裁判签名:　　　　年　月　日

能力拓展

扫描二维码了解:

1. 宋代"文人四艺"之焚香。2. 花茶茶艺展演赏析。

模块三 综合进阶篇

项目八 茶事服务

学习了茶叶冲泡的各项知识与技能，做好了茶事服务的前期工作后，就要迎客进门了。从客人走进茶空间的那一刻开始，直到结账离开，每个服务动作都关系到顾客的消费体验。除了亲切热忱的态度，还需要掌握流程服务概念和基本知识。在本项目中，我们将学习茶事服务流程的基本项目与服务技巧，提升服务质量，使客人有宾至如归之感，在身心舒适的消费环境中充分体验茶的美好。

任务1　茶事服务与茶的销售

学习目标

1. 熟练掌握茶事服务流程内容和规格标准。
2. 熟练掌握常见茶叶品类冲泡技术要领。
3. 了解茶叶基本知识，根据客人的健康情况、爱好习惯及消费能力，灵活营销。

任务描述

茶事服务与茶叶销售流程包括迎接顾客、点单操作、茶叶冲泡、席间服务、买单收银。现需要你从客人走进茶空间开始，直到茶事服务结束，灵活运用所学知识，完成完整的服务过程。

任务分析

茶事服务与茶叶销售不仅是个人技能的展示，更是与客人沟通、互动的过程，观察客人—根据具体情况调整技术手法—提供针对性的服务—对客人的反馈给出及时恰当的反应，是一系列前后关联并循环往复的过程。需要具备一定的语言能力、沟通能力、技术能力、观察能力、推销能力等。

任务准备

迎客仪态规范：

（1）精神饱满，表情自然，面带微笑；

（2）眼睛应有神，体现出热情、礼貌、友善、诚恳；

（3）说话时应语气平和，语调亲切，不夸张、不抢话；

（4）若有客人不满，首先安抚客人情绪、不争论长短；

（5）与客人交谈时，目光应自然平视，不上下打量、审视客人。

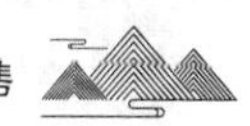

学习脉络：茶事服务流程—茶叶销售。

一、茶事服务流程

茶事服务的流程是：迎接顾客—点单操作—冲泡流程—席间服务—买单收银。

1. 迎接顾客

领位员站在茶馆门口等候宾客的到来。当客人走向茶馆门口时，茶艺师要面带微笑，主动打招呼，致以诚挚的欢迎。若为常客，则可直接称呼客人的姓氏加职位头衔，并可适当与客人寒暄，但要注意语言分寸。对于不熟悉的客人，要询问客人是否有预订。如果客人有预订，查询预订单系统相关记录，再将客人引导至所预订的桌位。如果客人没有预订，则需要询问客人有几位，根据人数安排座位，并将客人引领至桌位。

2. 点单操作

（1）递送茶单　服务人员递上茶水单，如使用智能设备，需要指导客人使用。

（2）问候　根据时间礼貌问候客人，如“早上/下午/晚上好！”。介绍自己，并询问是否现在点单。

（3）点茶　站在客人左侧，耐心等待客人浏览茶单。在留出适当考虑时间后，身体略前倾，回答客人的提问。

（4）介绍、推荐茶品　询问客人的饮茶喜好、健康状况等，根据客人需要，推荐茶品；如客人对茶不太了解，简单介绍茶单上的主要茶品，耐心回答客人的提问。

（5）记录　清楚、准确记录每位客人所点的茶品、茶点等。

（6）复述确认　复述客人的点单，请客人确认；收回茶单，并告知客人大约等待时间；迅速下单。

3. 冲泡流程

（1）根据客人数量备具　按人数准备品茗杯、杯垫及容量合适的泡茶器和公道杯等。

（2）备水、置茶　烧水备用，根据饮茶人数量取茶叶，置于茶荷，方便客人欣赏干茶。用沸水冲洗茶具，如茶具已经过消毒器消毒，检查后摆放在客人面前。

（3）冲泡　根据茶品，确定水温、茶水比和冲泡手法。一般一样茶最少冲泡三道，到茶汤滋味转淡时，征得客人同意后，可换茶。

（4）分茶　茶汤从泡茶器收集到公道杯后，根据长幼、男女等顺序，或依照座次依次分茶至客人面前的品茗杯。动作要流畅，保持每杯茶汤均匀。

（5）介绍、推荐茶品　在泡茶动作间歇，可与客人适当交流，介绍、推荐茶品，如客人有提问或感兴趣的话题，在不影响泡茶动作的前提下，务必耐心解答或给予必要关注。

（6）续杯　公道杯里还有茶汤时，注意客人品茗杯中茶汤的多少，及时添加；公道杯茶汤分尽时，可开始下一道冲泡。

4. 席间服务

（1）巡回续茶　及时关注客人品茗杯中茶汤量的多少，斟茶时茶汤量达到杯子的七分满，如果客人没有个别要求，则杯中茶汤量少于1/3时，需及时续茶汤。

(2) 关注茶汤温度　客人因短时离座或耽于交谈，没有及时饮茶，杯中的茶汤已经变冷，应先询问客人，经客人同意后，为客人换热茶汤。

(3) 茶点的添续　部分主题茶会有茶点配备，有时客人在茶台前饮茶时间较长，或者有不胜茶力者，需要添加与茶类相搭配的茶点。注意茶点的取用情况，及时补充。

(4) 保持茶台整洁　关注器具摆放和台面洁净程度，及时清洁。

5. 买单收银

(1) 结账准备　品饮环节接近尾声时，服务人员到收银台核对账单。当客人要求结账时，请客人稍等，立即去收银台取账单。将账单放入账单夹内，并确保账单夹打开时，账单正面朝向客人。准备好结账用笔。

(2) 递送账单　走到客人右侧，打开账单夹，右手持账单夹上端，左手托账单夹下端，递送至客人面前，请客人看账单。注意不要让其他客人看到。

(3) 处理付款，致谢送客　接过现金或信用卡送至收银台，找零或还卡后礼貌致谢。

二、茶叶销售

1. 了解动机

了解客人来喝茶买茶的动机：

(1) 消磨时间　可能临时有时间，对喝茶也没有特别要求。这些客人要求茶品经济实惠，所以应主动介绍价廉物美的茶品。

(2) 慕名而来　有些讲究排场，需注意茶品的规格、包装等。

(3) 以茶会友　一般对茶有一定研究，介绍茶时应侧重加工工艺、冲泡技巧、存储条件等专业性较强的内容。

2. 了解客人

外向健谈、好面子的客人，可能会关注茶叶的外包装、原料珍稀程度等；饮茶经验较少的客人，偏重于入门级别的茶叶；习惯偏好型客人，更大可能会选择以前曾尝试过的茶叶。

3. 了解茶

了解茶叶，了解产品。只有充分了解茶叶特性和产品知识，才能根据客人的健康状况、饮茶喜好、消费习惯等推荐和销售茶叶。除了不断学习理论知识外，还需要在实践中持续提升冲泡技能操作水平。最大程度展现茶叶的色香味品质特征，使客人充分了解所购茶叶商品的特性，达到客人满意的结果。

4. 了解语言

掌握销售的语言技巧，能使茶叶销售工作事半功倍。善用选择句式，取代是否句式：使用“请问您喜欢红茶还是绿茶?”这样的选择句式，比起使用“请问您喝茶吗?”这样的是否句式，成功销售出一种茶叶的概率要大得多。

1. 茶事服务流程评价

（1）场景　茶艺师从迎接到完成服务的场景。

（2）互动点评　依据下表的要素，打分并点评同学的茶事服务过程。

（3）正确应对　理解师生的点评后，下一次茶事服务场景中，进一步提高茶艺师面对不同客人时应具备的服务技能。

茶事服务技能评分表

姓名：　　　　　　　　　　学号：

项目	要求和评分标准	分值	组内评分	教师评分	最终得分
待客礼仪 15 分	发型、服饰与茶艺表演类型相协调	5			
	形象自然得体、高雅，用语得当，口齿清晰，表情自然，面带微笑	5			
	动作、手势、站立、坐姿等端正大方、准确	5			
布具收具 10 分	做好茶具准备工作，不遗漏茶具，摆放位置合理	5			
	服务结束后将茶具清洁干净，依照备具标准摆放整齐	5			
冲泡流程 40 分	整体操作动作适度，自然流畅，双手摆放位置正确	10			
	投茶量、水温及冲泡时间把握合理	10			
	赏茶、品茶时解说自然流畅，冲泡过程完整	10			
	过程中与客人交流顺畅，互动良好	10			
茶汤质量 20 分	茶色、香、味、形表达充分	15			
	茶汤均匀、浓度适当	5			
席间服务 10 分	操作正确规范、动作专业	5			
	意识到位、关注客人需求	5			
收银 5 分	过程规范、流程，能灵活应变	5			
合计		100			

2. 茶叶销售技能评价

场景：茶艺师在茶楼接待并销售的茶叶。

互动点评：依据下表的要素打分并点评同学的茶叶销售过程。

正确应对：理解师生的点评后，下一次茶叶销售场景，进一步提高茶艺师面对不同客人时销售茶叶的能力和技巧。

茶叶销售技能评分表

姓名：　　　　　　　　　　学号：

项目	要求和评分标准	分值	组内评分	教师评分	最终得分
待客礼仪 15分	发型、服饰与茶艺表演类型相协调	5			
	形象自然得体、高雅，用语得当，口齿清晰，表情自然，面带微笑	5			
	动作、手势、站立、坐姿等端正大方、准确	5			
知识储备 35分	了解茶叶基础知识、冲泡知识、茶文化知识	20			
	了解茶产品特点、冲泡要领	15			
销售技巧 40分	使用茶叶术语规范标准	10			
	使用正确的推销方式	10			
	根据不同客情选用恰当的语言表达方式	10			
	灵活应变不同的情况	10			
团队精神 10分	分工明确、团队协作、配合到位	10			
合计		100			

能力拓展

扫描二维码，学习茶事服务与销售的知识：

1. “传统＋现代”多元化茶叶销售模式。
2. 安溪铁观音的营销经验与优化建议。

任务2　茶会策划

1. 了解茶会的常见主题和环节内容。
2. 能自主设计并策划小型主题茶会。

任务描述

党的二十大提出要繁荣发展文化事业和文化产业。随着传统文化的地位回归和健康生活的观念普及，服务于专项业务的研讨茶会，或为庆祝与纪念举办的茶会，以及旨在分享美好经验的生活茶会等，各种形式和规模的茶会开始频繁出现在社会生活中，人们总有机会以组织者、施行者或受惠者的身份参与和经历。现需要你从确定主题开始，到茶会服务设计结束，完成一次茶会策划。

茶会是以茶为媒介，为特定目的而举行的多人交流活动。策划一场茶会，须设定茶会的主题、形式、规模、时间、地点、参与人、预算等，要求策划人具备一定的会议组织能力、资源协调能力、沟通能力等。举办一场茶会，要布置场地，准备茶、水、器、物，安排接待服务等，要求实施者掌握一定的茶水服务技能、接待服务技能等。

任务实施

茶会策划的流程是：确定主题—制定方案—协调与执行。

一、确定主题

根据举办茶会的目的确定茶会的主题，常见的茶会主题有：

（1）节日茶会　在传统或法定节日时举办，为庆祝或纪念目的而举行的茶会，比如元宵

图8-2-1　妇女节《职场生活　优雅女神》茶会

茶会、清明茶会、中秋茶会、妇女节茶会、国庆茶会等，如图8-2-1所示。

（2）研讨茶会　为学术研讨或专项议题而举行的茶会，如专题下午茶会、商务茶会等。

（3）艺术茶会　为某项相关艺术的鉴赏而举行的茶会，如闻香茶会、诗书画茶会等。

（4）联谊茶会　为交友叙谊而举办的茶会，如校友茶会、社交联谊茶会等。

（5）喜庆茶会　为庆贺某事而举办的茶会，如寿诞茶会、婚礼茶会等。

（6）交流茶会　为交流技艺或分享经验而举办的茶会，如斗茶会、无我茶会等。

知识链接

无我茶会

无我茶会是一种茶会形式，由台湾蔡荣章先生于1990年首创。“无我”，即忘却自我，人人泡茶、人人奉茶，无论尊卑、不分老幼，讲求平等，专心泡茶。无我茶会一般在户外举行，参加者均自带茶叶、茶具、热水，根据当日规模围坐成圈，抽签决定位置。会场不设主持人，大家根据会前公告约定，统一行动。

如图8-2-2所示，每道泡茶4杯，自己面前的左侧3杯茶奉给左侧3位茶友，最右侧一杯茶留给自己，空出来的3个杯位接受其他茶友奉来的茶。茶奉齐就可自行品饮，比较与欣赏同步，感受别人的长处，检视自己的技艺。约束自己、配合他人，以茶会友、心灵相通，如图8-2-3所示。

图8-2-2　无我茶会茶席

图8-2-3　无我茶会

二、制定方案

确定主题后，要制定方案，明确茶会的形式、规模、时间、地点、参与人、预算等项目。

(1) 茶会主题　包括泡茶人/台的数量及茶台主人与客人的互动形式等，一般有单人泡、双人泡、多人泡；主客互动主要有固定位、流动位等形式。

(2) 茶会规模　一般2～8人为小型茶会，9～30人为中型茶会，30人以上为大型茶会。与会人数与茶会形式密切相关，同时要考虑茶、水、器、物的配备量，场地条件及预算等匹配。

(3) 茶会时间　根据参会人员确定茶会的时间。

(4) 茶会地点　通常室内茶会要选择通风良好，进出方便，有器物准备区和休息区的场地。如果是户外茶会，需选择平坦开阔，视野良好，满足烧水备具条件和安全疏散要求的场地。

(5) 参与人　参与茶会的人员情况，也是制定茶会实施方案时应考虑的要素，例如参与者年龄较大，需考虑现场服务的硬件设施和针对性措施等。

(6) 预算　一般包括场地使用费、布置费、服饰道具费、茶会消耗物料费、人员培训费等。

三、协调与执行

茶会实施之前需要协调场地、人员、物料的准备与配合，具体来说有场地的布置、茶水器具的准备、服务人员的培训等。

1. 茶会前准备

(1) 确认来宾　联络征询愿意主办或协办的单位，确定来宾、主持人等。

(2) 布置场地　横幅、背景等的设计、制作、布置；泡茶台、桌、椅、凳等需根据茶会主题要求和人员情况摆放；茶艺表演环节需要的道具、服饰等；茶会资料、会场导引牌、席签等的设计、制作；茶会活动区、服务区、休息区的设定；现场摄录、媒体安排。

(3) 准备物料　根据茶会主题、参会人数等准备茶叶、泡茶用水、器具等；可根据具体情况准备与茶相配的茶点。

(4) 培训人员　根据茶会主题，安排场地工作人员，并有针对性地培训接待、服务、摄录和场地维护事宜。

2. 茶会中服务

茶会形式不同，服务要求也有区别。通常茶台前客人的茶水添续由主人负责，场地内服务人员主要配合指引来宾，搬放茶艺道具，补充茶叶、泡茶用水和茶点等。

3. 茶会后总结收尾

回收器具，拆除道具，清理场地等；安排来宾返程交通等；费用结算等；编辑、发布文字报道、影像材料等。

茶会策划评价

场景：策划一次小型室内节日主题茶会。

互动点评：依据下表的要素打分并点评同学的茶会策划过程。

茶会策划技能评分表

姓名：　　　　　　　　　　学号：

项目	要求和评分标准	分值	组内评分	教师评分	最终得分
策划方案 40分	确定主题，有创意、立意正向	10			
	根据主题设计合理的茶会形式	10			
	茶会规模、时间、地点、参与人、预算等设计科学有序	10			
	选择的茶品和冲泡形式能与主题相得益彰	10			
事前准备 20分	联系嘉宾，有序组织工作人员，培训到位	5			
	根据茶会需要有序布置场地	10			
	做好茶、水、器准备工作，摆放位置合理	5			
事中服务 20分	设施齐备、人员到位、服务有序	10			
	茶艺表演与冲泡服务正常进行	10			
事后结尾 15分	茶会结束后将茶具清洁干净，依照备具标准摆放整齐；场地清理彻底	5			
	人、财、物结算清楚	5			
	文字报道、影像材料记录完整	5			
团队精神 5分	分工明确、团队协作、配合到位	5			
合计		100			

能力拓展

扫描二维码，学习茶会策划的知识：
1. 下午茶会的传统与革新。2. 元宵茶会策划。

附录1 《茶事服务》课程标准

一、适用专业及面向岗位

适用于高职和中职的茶艺与茶叶营销、酒店管理、旅游管理专业，也适用于其他专业作为公共任选课程及茶艺师岗位晋升培训。面向茶艺师、茶叶销售人员、店长、酒店大堂茶吧服务员岗位和茶艺爱好者。

二、课程性质

本课程为专业技术技能课程，是一门培养茶文化知识素养和茶事服务操作技能相结合的理实一体化课程。课程以茶叶冲泡的基本知识和技能为基础，与茶艺师岗位的典型工作任务对接，涵盖茶艺与茶叶营销专业主要就业岗位典型工作任务的核心内容。本课程融入了2019版茶艺师国家职业技能标准（初级、中级）、全国职业院校技能大赛（中华茶艺技能）标准、中国茶叶学会《茶艺职业技能竞赛技术规程》。本课程具有综合性、实践性强的特点，也是茶艺与茶叶营销专业、酒店管理专业的专业核心课程及特色课程。重点培养学生具备茶艺美学意识，运用茶叶基础知识、科学健康饮茶知识和茶叶冲泡技能进行专业的不同茶类及茶具冲泡操作的实践工作能力。

三、课程设计

1. 设计思路

校企共同开发，依据岗位真实工作任务、专业茶叶基础知识及冲泡服务的职业能力要求，确定课程目标；基于岗位工作过程、典型工作任务的基本知识和技术规范设计学习任务，突出学生茶事服务操作能力培养。本课程以识茶认茶、茶事服务真实工作任务，设计学习情境，如茶叶种类与鉴别、茶室环境营造、泡茶技术应用等。课程内容及考核评价标准与2020版国家茶艺师（中级）职业资格标准要求衔接，教学过程与茶文化入门和茶事服务技能操作的工作过程衔接，以理实一体化、实际任务为主要学习形式，让学生在企业、学校教师的指导及同学的相互配合下，掌握项目标准流程、操作手法及操作技巧，并灵活运用。

2. 内容组织

将完成典型工作任务所需知识及能力与茶艺师职业资格标准要求相融合，结合岗位职业资格考核重点，理论以专业、实用，够用为原则，组织教学内容。以项目化教学为主要教学形式，教学内容由茶文化入门、茶叶基本知识、茶事服务准备、泡茶技术应用、茶事服务承接五个学习任务及若干典型工作任务组成。

四、课程教学目标—参考职业标准

1. 认知目标

(1) 熟悉六大茶类的制作工艺和品质特征，能识别当中的中国主要名茶。

(2) 熟悉科学健康饮茶常识。

(3) 熟知茶的分类与储存方法。

(4) 熟悉国内外饮茶习俗。

(5) 能够介绍清饮法和调饮法的不同特点。

(6) 熟悉茶文化基本知识和茶叶知识，能够解答顾客有关茶艺的问题。

2. 能力目标

(1) 能保持良好的仪容仪表，能够根据顾客特点，执行针对性的接待服务。

(2) 能根据茶样初步区分茶叶品质和等级高低，能够识别新茶、陈茶。

(3) 能根据不同季节和宾客体质差异选择与搭配茶叶、器具、冲泡方法。

(4) 能够正确使用玻璃杯、盖碗、紫砂壶的冲泡技法冲泡六大茶类。

(5) 能制作调饮茶品。

(6) 能正确配置茶艺茶具、茶点和布置表演台。

(7) 能实施生活茶艺展示和展演茶艺展示，行茶动作自然，具有艺术美感。

3. 情感目标

(1) 具有食品卫生和安全责任意识。

(2) 恪守职业道德，礼貌待客，热情服务。

(3) 服务流程规范，不使用过期变质产品，不违规操作。

(4) 认真钻研业务，具有精益求精的精神。

(5) 不泄漏客户信息，尊重客户的隐私权。

(6) 培养良好的茶道空间美学素养、与时俱进的审美情趣。

五、参考学时与学分

茶艺与茶叶营销专业、酒店管理专业 90 学时，5 学分；旅游管理专业、公共任选课专业，36 课时，2 学分。

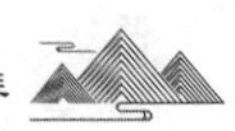

六、课程结构

序号	学习任务（单元、模块）	对接典型工作任务	知识、技能、态度要求	教学活动设计	学时
1	茶文化入门	走进茶的前世今生	1. 了解茶的发现与利用 2. 了解我国饮茶方式历经食用—药用—饮用的阶段性演变，熟悉古代唐煎宋点明冲泡的饮茶方式 3. 熟悉茶树品种与适制性、茶树生长环境 4. 熟知我国产茶区分布与茶叶产销现状 5. 了解中国茶文化发展经历了萌芽期、成形期、发展期、成熟期的历史 6. 鉴赏茶与诗词书画，了解茶与宗教的密切关系，熟悉重点茶书《茶经》《大观茶论》 7. 熟悉我国少数民族饮茶习俗 8. 熟悉国内不同地域饮茶习俗 9. 了解茶的外传和国外饮茶习俗 10. 了解新时代的茶叙外交 11. 熟知世界主要产茶国（印度、斯里兰卡、肯尼亚等）	1. 课堂讲授：基本知识目标、项目考核要求 2. 案例教学：分析案例、鉴赏茶文，讨论重点茶文化知识 3. 任务考核：茶文化基本知识，能够解答顾客有关茶艺的问题	10/4
		科学健康饮茶	1. 了解古今茶疗方及功效 2. 熟悉茶叶中主要成分及特性 3. 认识茶的保健功能 4. 熟悉六大茶类的茶性 5. 熟悉不同季节，不同时间段的饮茶规律 6. 了解中医划分人的 9 种体质，知晓不同体质的人该如何饮茶 7. 熟悉饮茶禁忌常识 8. 了解现代茶养生食品		
2	茶叶基本知识	识茶认茶	1. 熟悉茶的分类，包括按季节、生长环境、制作工艺 2. 熟知引起茶叶品质劣变的主要因素 3. 掌握茶叶储存方法 4. 熟悉茶叶品质鉴别：外形、色泽、香气、汤色、滋味等外形与内质特征 5. 了解茶叶品质鉴别常识：真茶与假茶，春茶、夏茶与秋茶，陈茶与新茶，高山茶与平地茶，霉变茶的识别等 6. 了解绿茶的产生和发展现状，熟悉绿茶的品质特征和制作工艺 7. 熟知绿茶的分类与代表名茶 8. 了解白茶的产生和发展现状，熟悉白茶的品质特征和制作工艺 9. 熟知白茶的分类与代表名茶	1. 课堂讲授：基本知识目标、项目考核要求 2. 任务训练：茶叶品质鉴别、识茶认茶方法 3. 任务考核：六大茶类的制作工艺和品质特征，能识别主要名茶	16/4

续 表

序号	学习任务（单元、模块）	对接典型工作任务	知识、技能、态度要求	教学活动设计	学时
2	茶叶基本知识	识茶认茶	10. 了解黄茶的产生和发展现状，熟悉黄茶的品质特征和制作工艺 11. 熟知黄茶的分类与代表名茶 12. 了解青茶的产生和发展现状，熟悉青茶的品质特征和制作工艺 13. 熟知青茶的分类与代表名茶 14. 了解红茶的产生和发展现状，熟悉红茶的品质特征和制作工艺 15. 熟知红茶的分类与代表名茶 16. 了解绿黑茶褐紧压茶的产生和发展现状，熟悉黑茶的品质特征和制作工艺 17. 熟知黑茶的分类与代表名茶 18. 了解花茶和再加工茶的产生和发展现状，了解花的品质特征和制作工艺 19. 熟悉花茶和再加工茶的代表名茶	1. 课堂讲授：基本知识目标、项目考核要求 2. 任务训练：茶叶品质鉴别、识茶认茶方法 3. 任务考核：六大茶类的制作工艺和品质特征，能识别主要名茶	16/4
3	茶事服务准备	环境营造	1. 了解茶具的演变和发展历程 2. 熟悉茶具的分类，会根据材质、器型、容量等选配主要茶具 3. 会选择搭配辅助茶具 4. 了解茶室的构成要素 5. 了解茶席的构成要素 6. 能进行茶席设计，强调主题性、实用性和艺术性的统一 7. 了解茶点的种类 8. 熟悉茶点组合的基本要求 9. 会根据不同的茶类进行茶点搭配组合	1. 课堂讲授：基本知识目标、项目考核要求 2. 任务训练：形象妆容、操作手法、操作流程 3. 任务考核：茶席设计、选择品茗用水、形象妆容、专业沟通、行茶礼仪、冲泡流程	14/6
		茶事服务准备	1. 了解古籍评水论水和古代选水的标准 2. 熟知品茗用水的分类 3. 掌握现代对水的认识及选择，包括酸碱度、水中可溶解物质 TDS、软硬度、水温与茶汤的关系 4. 认识我国著名泉水 5. 掌握茶艺服务中的个人形象礼仪，包括仪容、仪表、仪态礼仪，结合化妆、盘发、着装实际操作，练习走、站、坐、蹲，练习形体 6. 掌握茶事服务中茶艺师接待与交谈礼仪，做到待客有五声 7. 掌握行茶中的礼仪，能正确行使鞠躬礼、伸掌礼、奉茶礼、叩指礼、寓意礼 8. 熟练掌握冲泡流程与冲泡要素 9. 熟练掌握茶巾的折叠与茶具的捧、端、拿法 10. 熟练掌握投茶、冲泡、品茗的手法		

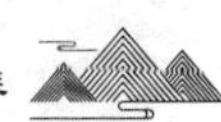

续 表

序号	学习任务 （单元、模块）	对接典型 工作任务	知识、技能、态度要求	教学活动设计	学时
4	泡茶技术应用	不同器具茶叶冲泡训练	1. 掌握绿茶冲泡三要素，冲泡出的茶汤能充分表达绿茶的色香味等特性，茶汤适量 2. 掌握玻璃杯冲泡绿茶技法：备具—端盘上场—布具—温杯—置茶—浸润泡—摇香—冲泡—奉茶—收具—端盘退场 3. 掌握不同嫩度茶叶的投茶方式 4. 掌握黄茶冲泡三要素，冲泡出的茶汤能充分表达黄茶的色香味等特性，茶汤适量 5. 掌握玻璃杯冲泡黄茶技法，注意闷泡过程 6. 掌握白茶冲泡三要素，冲泡出的茶汤能充分表达白茶的色香味等特性，茶汤适量 7. 掌握盖碗冲泡白茶技法 8. 掌握青茶冲泡三要素，冲泡出的茶汤能充分表达青茶的色香味等特性，茶汤适量 9. 掌握紫砂壶冲泡青茶技法：备具—端盘上场—布具—温壶—置茶—冲泡—温品茗杯及闻香杯—分茶—奉茶—收具—端盘退场 10. 掌握红茶冲泡三要素，冲泡出的茶汤能充分表达红茶的色香味等特性，茶汤适量 11. 掌握盖碗冲泡红茶技法：备具—端盘上场—布具—温盖碗—置茶—冲泡—温盅及品茗杯—分茶—奉茶—收具—端盘退场 12. 掌握黑茶冲泡三要素，冲泡出的茶汤能充分表达黑茶的色香味等特性，茶汤适量 13. 掌握紫砂壶冲泡黑茶技法 14. 掌握茶的调饮方法，尝试制作可口的奶茶、茶与花、茶与酒、茶与水果、茶与植物、茶与茶的混合型饮料 15. 熟练使用玻璃杯、盖碗、紫砂壶的冲泡技法冲泡六大茶类，选择器具合理，席面空间布置合理、美观，突出实用性，符合人体工学 16. 能进行生活茶艺展示，礼仪规范，仪表自然端庄，发型服饰适当，泡茶与奉茶动作自然、稳重，全过程流畅，具有艺术美感	1. 动作表达：操作展示 2. 任务训练：操作手法、操作流程、冲泡技巧 3. 体验式教学：冲泡三要素的练习，感受投茶量、水温、冲泡时长对茶汤口感的影响 4. 任务考核：冲泡技法流程规范性、茶汤质量	28/14

续 表

序号	学习任务（单元、模块）	对接典型工作任务	知识、技能、态度要求	教学活动设计	学时
5	茶事服务承接	茶艺展演	1. 了解茶艺创编的基本要求 2. 熟悉茶艺展演程序，能设计茶艺展演方案 3. 能根据展演主题编写解说词 4. 会布置仿宋点茶茶艺表演台，茶席布置合理 5. 能进行仿宋点茶茶艺表演和展示，行茶动作自然，具有艺术美感，给人以美的感受 6. 充分表达仿宋点茶茶汤的色香味特性，茶汤适量 7. 会布置花茶茶艺表演台，茶席布置合理 8. 妆容、服饰与花茶茶艺表演主题契合，礼仪规范，仪表仪态自然端庄 9. 了解花茶茶艺表演流程，茶艺展示时动作自然，具有艺术美感，给人以美的感受 10. 充分表达花茶茶汤的色香味特性，茶汤适量 11. 会布置民族茶民俗艺展演表演台，茶席布置合理 12. 了解蒙古族奶茶、纳西族龙虎斗、回族八宝茶茶艺表演流程，茶艺展示时动作自然，具有艺术美感，给人以美的感受，同时把握茶汤质量	1. 动作表达：操作展示 2. 任务训练：操作手法、操作流程、冲泡技巧 3. 体验式教学：冲泡三要素的练习，感受投茶量、水温、冲泡时长对茶汤口感的影响 4. 任务考核：茶艺表演规范性、茶汤质量、茶事服务流程规范性、设计主题茶会	16/4
		茶事服务承接	1. 熟练掌握茶事服务操作流程，包括迎接顾客、点单操作、冲泡流程、席间服务和买单收银 2. 能够揣摩顾客心理，适时推荐茶叶与茶具 3. 能够正确使用茶单 4. 能够完成茶馆的结账工作 5. 了解茶叶不同的销售方式 6. 掌握茶叶销售技巧 7. 了解茶会策划流程，能制定中小型茶会方案，包括确定主题、制定方案、协调与执行		
机动					6/4
合计					90/36

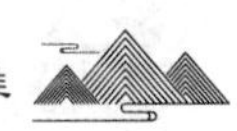

七、资源开发与利用

1. 教材编写与使用

(1) 教材编写既要满足行业标准要求，又要兼顾国家茶艺师职业资格考证和茶艺职业技能竞赛要求，理论知识以职业资格标准及实际应用为重点，操作内容应以符合行业企业茶事服务项目标准化、规范操作要求为原则。

(2) 教材内容应体现先进性、通用性、实用性，将本专业新技术、新产品、技术创新纳入教材，使教材更贴近专业的发展和实际的需要。

(3) 教材体例突破传统教材的学科体系框架，以任务训练、案例导入、思维导图、视频等丰富的形式表现。操作视频以二维码形式呈现，方便学生课外训练。

2. 数字化资源开发与利用

校企共同开发和利用网络教学平台及网络课程资源。课堂教学课件、操作培训视频、考核标准、任务训练、微课等教学资源，利用现代学徒制在线学习平台和学习通学习平台，由学校和企业发布可在线学习课程资料；学生采取线上线下学习相结合的方式，更灵活地完成学习任务；导师也可以发布非课程任务的辅导材料(形式包括但不限视频、PDF、Word 文档等)，用于学生碎片化阅读，拓展相关知识点。利用现代学徒制在线学习平台，学生和导师之间在线交流。

3. 企业岗位培养资源的开发与利用

根据茶事服务行业发展要求，将茶叶制作新工艺、茶叶新产品、茶叶生产仪器设备的应用，整理为课堂教学、案例教学的资源，作为岗位培养的教学条件，利用移动互联、云计算、物联网等技术手段，建立信息化平台，实现线上线下教育相结合，改善教学条件，使教学内容与行业发展要求相适应。

八、教学建议

校企合作完成教学任务。教学形式采用集中授课、任务训练、岗位培养形式，学校导师集中讲授项目理论知识，让学生知晓茶文化和茶叶基本知识。企业导师以任务训练、在岗培养等形式，进行项目操作技术技能训练及岗位实践，让学生学会操作并符合上岗要求。教学过程突出“做中学、学中做”，校内以课堂教学与课外训练相结合，主要训练泡茶技术手法。岗位实践以工学交替形式，进行专业技术综合能力培养和职业素质培养。

九、课程实施条件

本课程实施必备条件一是师资，二是实训设施设备。具备专业水平及职业能力的双导师和校企实训资源是本课程实施的基本条件。学校提供专业理论及基本技能教学的师资及实训条件，企业提供现场教学、岗位能力培养的师资及实训条件。承担课程教学任务的教师应熟悉岗位工作流程，了解茶事服务规范及流程，能独立完成所有项目的流程及操作技能示范。校内专业实训室建设应有仿真教学、任务训练、职业技能证书考证的相关设备条件，实现教学与实训合一、教学与培训合一、教学与考证合一，满足学生综合职业能力培养的要求。企业有本课程中茶叶制作的机械、茶叶冲泡训练的器具、六大茶类代表茶样及足够的学徒岗位，能满足学徒岗位培养条件。

十、教学评价

采用过程性评价与结果考核评价相结合的多元评价方式，将课堂提问、任务训练、课外实践、项目考核、任务考核的成绩计入过程考核评价成绩，其中项目操作考核有单项技能考核、综合技能考核。操作技能考核除了考核操作流程、手法外，还考核专业沟通能力、服务意识。结果考核以茶事服务承接、顾客评价为重点。

教学评价应注意学生专业技术操作能力、冲泡技术流程规范性、解决问题能力的考核，强调操作规范的同时应引导灵活呈现泡茶、品茶过程美好意境，对立意新颖、在茶席空间美学和茶艺编创应用上有创新的学生应予特别鼓励，全面、综合评价学生能力。

附录

附录 2　茶艺职业技能竞赛技术规程
附录 3　中级茶艺师理论知识题库
附录 4　《茶事服务》课程思政探索

茶艺师入职培训

1. 了解茶的发现与利用，认识茶树
2. 了解茶文化内涵
3. 熟悉国内外茶区分布
4. 了解茶在国内外的传播
5. 熟悉国内外饮茶习俗

1. 了解茶叶中的主要成分及特性
2. 认识茶的保健功能和现代茶养生食品
3. 熟悉不同茶的茶性
4. 能根据不同时节、不同体质选配茶品
5. 掌握饮茶禁忌

茶文化入门

1. 熟悉茶的分类
2. 掌握茶叶储存方法
3. 了解茶叶品质鉴别因子和常识
4. 掌握绿茶的品质特征、制作工艺、分类、代表名茶
5. 掌握白茶、黄茶的品质特征、制作工艺、分类、代表名茶

1. 掌握青茶的品质特征、制作工艺、分类、代表名茶
2. 掌握红茶的品质特征、制作工艺、分类、代表名茶
3. 掌握黑茶和紧压茶的品质特征、制作工艺、分类、代表名茶
4. 掌握花茶和再加工茶的品质特征、制作工艺、分类、代表名茶

茶叶基本知识

1. 了解茶具的演变发展和分类
2 认识茶室、布置茶室
3. 熟悉茶席构成要素
4. 能够设计主题茶席，合理搭配茶具，符合人体工学
5. 掌握茶点的种类，能根据不同情况选配茶点

1. 理解水的分类，水对茶汤的影响
2. 掌握茶艺师个人形象礼仪
3. 掌握茶艺师接待与交谈礼仪
4. 掌握行茶中的礼仪，如鞠躬礼、伸掌礼、奉茶礼、叩指礼和寓意礼
5. 掌握泡茶的冲泡流程与冲泡要素
6. 掌握泡茶的基本技法与操作规范

茶事服务准备

1. 掌握玻璃杯冲泡绿茶的流程与操作手法
2. 掌握不同嫩度绿茶的投茶方式
3. 掌握玻璃杯冲泡黄茶的流程与操作手法
4. 掌握盖碗冲泡白茶的流程与操作手法
5. 掌握盖碗冲泡红茶的流程与操作手法

1. 掌握六大茶类的冲泡三要素，冲泡出的茶汤能充分表达茶品的色香味特性，茶汤适量
2. 掌握紫砂壶冲泡青茶的流程与操作手法
3. 掌握紫砂壶冲泡黑茶的流程与操作手法
4. 能用不同方法调茶品
5. 能进行生活茶艺展示，礼仪规范，泡茶过程自然流畅，具有艺术美感

泡茶技术应用

1. 掌握茶艺展演程序，能设计茶艺展演方案
2. 了解茶艺创编的基本要求，能根据展演主题编写解说词
3. 掌握民族茶艺表演前的准备、表演操作流程
4. 掌握仿宋点茶茶艺表演前的准备、表演操作流程
5. 茶艺表演过程动作流畅自然，具有艺术美感，给人以美的感受

1. 熟练掌握茶事服务操作流程，包括迎接顾客、点单操作、冲泡流程、席间服务和买单收银
2. 熟悉茶叶销售方式与技巧
3. 能够揣摩顾客心理，实施推荐茶叶与茶具
4. 能灵活应用茶艺知识，解答顾客有关茶艺的问题
5. 了解茶会策划流程，能制定中小型茶会方案，包括确定主题、制定方案、协调与执行

茶事服务承接

按茶事服务规范及标准完成操作

《茶事服务》课程内容结构

参考文献

1. 陆羽. 茶经[M]. 杭州:浙江古籍出版社,2011.
2. 姚国坤. 中国茶文化学[M]. 北京：中国农业出版社,2019.
3. 陈宗懋,杨亚军. 中国茶经[M]. 上海：上海文化出版社,2011.
4. 屠幼英. 茶的综合利用[M]. 北京：中国农业出版社,2017.
5. 杨晓萍. 茶叶营养与功能[M]. 北京：中国轻工业出版社,2017.
6. 魏然,王岳飞. 饮茶健康之道[M]. 北京：中国农业出版社,2018.
7. 宛晓春. 茶叶生物化学[M]. 第三版. 北京：中国农业出版社,2017.
8. 周智修. 习茶精要详解[M]. 北京：中国农业出版社,2018.
9. 张星海,孙达,张小雷. 茶艺传承与创新[M]. 北京：中国商务出版社,2020.
10. 王旭峰. 茶文化通史[M]. 杭州:浙江大学出版社,2019.
11. 余悦. 茶艺师[M]. 北京:中国劳动社会保障出版社,2019.
12. 王岳飞,周继红,徐平. 茶文化与茶健康[M]. 杭州:浙江大学出版社,2021.
13. 潘城. 茶席艺术[M]. 北京:中国农业出版社,2019.
14. 石洪斌,范宗建,陈红梅. 茶文化与茶艺基础[M]. 广州：广东旅游出版社,2019.
15. 蔡荣章. 茶道入门三篇——制茶、识茶、泡茶[M]. 北京：中华书局,2006.
16. 贾红文,赵艳红. 茶文化概论与茶艺实训[M].. 北京：清华大学出版社,2010.
17. 王广智. 鉴茶泡茶品茶[M]. 北京：龙门书局科学出版社,2011.
18. 李丹. 茶文化[M]. 呼和浩特：内蒙古人民出版社,2005.
19. 王淼. 普洱茶冲泡用水实验录[J]. 普洱. 2018,(05):5-8.
20. 陈文华. 茶文化概论[M]. 北京：中央广播电视大学出版社,2013.
21. 杨文,李捷. 中国茶艺基础教程[M]. 北京：旅游教育出版社,2013.
22. 王绍梅. 茶道与茶艺[M]. 重庆：重庆大学出版社,2011.
23. 陈力群. 茶艺表演教程[M]. 武汉：武汉大学出版社,2016.
24. 林瑞萱. 中日韩英四国茶道[M]. 北京：中华书局,2008.
25. 郑培凯,朱自振. 中国历代茶书汇编校注本[M]. 香港：商务印书馆(香港)有限公司,2014.
26. 叶喆民. 中国陶瓷史[M]. 北京：生活·读书·新知三联书店,2011.

图书在版编目(CIP)数据

茶事服务/石莹,李湘云,张颖主编. —上海:复旦大学出版社,2021.7(2022.12 重印)
ISBN 978-7-309-15685-0

Ⅰ.①茶… Ⅱ.①石… ②李… ③张… Ⅲ.①茶文化-中国-高等职业教育-教材
Ⅳ.①TS971.21

中国版本图书馆 CIP 数据核字(2021)第 091129 号

茶事服务
石　莹　李湘云　张　颖　主编
责任编辑/张志军

复旦大学出版社有限公司出版发行
上海市国权路 579 号　邮编:200433
网址:fupnet@fudanpress.com　http://www.fudanpress.com
门市零售:86-21-65102580　团体订购:86-21-65104505
出版部电话:86-21-65642845
上海四维数字图文有限公司

开本 787×1092　1/16　印张 15　字数 355 千
2021 年 7 月第 1 版
2022 年 12 月第 1 版第 2 次印刷

ISBN 978-7-309-15685-0/T・696
定价:52.00 元

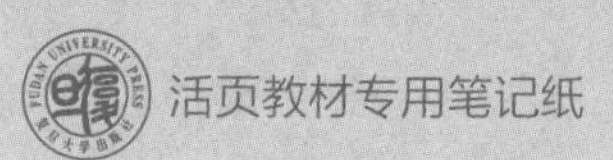
活页教材专用笔记纸

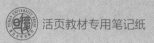